高等学校实验课系列教材

数字通信原理实验指导书

EXPERIMENTATION

主　编　蒲秀娟
副主编　陈正川　胡　浩　韩　亮
　　　　曾令秋　韩庆文

重庆大学出版社

内容提要

本书介绍了采用美国国家仪器有限公司(National Instruments,NI)的 LabVIEW 软件和 USRP 软件无线电平台进行数字通信原理实验的内容。全书共两个部分:第一部分(第 1—3 章)介绍 LabVIEW 软件,包括 Lab-VIEW 编程基础和信号处理。第二部分(第 4—10 章)介绍数字通信原理实验,包括基于 LabVIEW 软件完成的基础验证性实验、基于 LabVIEW 软件和 USRP 软件无线电平台完成的综合设计性实验。

本书强调对数字通信原理的基本原理、基本概念的深化理解与应用,通过对具体通信系统的设计与应用开发,提升学生综合运用所学知识的能力与创新思维。

本书可作为高等院校电子信息类的数字通信原理实验教程,也可作为相关领域的科研和工程技术人员的参考用书,希望能为读者的学习和实践提供有益的帮助。

图书在版编目(CIP)数据

数字通信原理实验指导书/蒲秀娟主编. --重庆:
重庆大学出版社,2024.6.--(高等学校实验课系列教材). --ISBN 978-7-5689-4506-6

Ⅰ. TN914.3-33

中国国家版本馆 CIP 数据核字第 2024SP3673 号

数字通信原理实验指导书
SHUZI TONGXIN YUANLI SHIYAN ZHIDAO SHU
主 编 蒲秀娟
副主编 陈正川 胡 浩 韩 亮 曾令秋 韩庆文
策划编辑:杨粮菊

责任编辑:姜 凤 版式设计:杨粮菊
责任校对:关德强 责任印制:张 策

*

重庆大学出版社出版发行
出版人:陈晓阳
社址:重庆市沙坪坝区大学城西路 21 号
邮编:401331
电话:(023)88617190 88617185(中小学)
传真:(023)88617186 88617166
网址:http://www.cqup.com.cn
邮箱:fxk@ cqup.com.cn(营销中心)
全国新华书店经销
重庆市美尚印务股份有限公司印刷

*

开本:787mm×1092mm 1/16 印张:9.75 字数:191 千
2024 年 6 月第 1 版 2024 年 6 月第 1 次印刷
印数:1—1 000
ISBN 978-7-5689-4506-6 定价:39.00 元

前 言

本书介绍了采用 NI 公司的 LabVIEW 软件和 USRP 软件无线电平台进行数字通信原理实验的内容。本书分两个部分,共 10 章,各章主要内容如下:

第 1 章介绍 LabVIEW 软件的产生、应用及特点,并对 LabVIEW 软件的图形化编程环境进行详细介绍。

第 2 章介绍 LabVIEW 编程基础,包括 LabVIEW 所支持的数据类型及其操作、多种数据运算函数、LabVIEW 中的图形化编程结构以及 LabVIEW 提供的图形显示控件。

第 3 章介绍 LabVIEW 中内置的多种功能强大的信号处理函数、工具和模块,用于对各类信号进行处理、分析和解释,涵盖了波形生成、信号生成、波形调理、波形测量、信号运算等。

第 4—8 章介绍基于 LabVIEW 软件完成的基础验证性实验,包括抽样定理实验、模拟信号的量化实验、PCM 编译码实验、数字基带传输系统实验、传统数字调制实验。

第 9—10 章介绍基于 LabVIEW 软件和 USRP 软件无线电平台完成的综合设计性实验,包括软件无线电技术和 MPSK 传输系统的设计实现。

通过本书的学习,学生能够深入理解通信系统的内涵和实质,熟练掌握通信信号的时域、频域分析方法及统计数学工具在信号分析与通信系统设计中的应用,最终具备分析和解决通信系统设计中复杂工程实践问题的能力和创新实践能力,为深入学习研究各类现代通信技术打下坚实的理论基础。编者希望本书能为电子信息行业的人才培养、人才输送作出贡献,能有益于为中国特色社会主义事业培养合格的建设者和可靠的接班人,能为实现中华民族伟大复兴的中国梦尽绵薄之力。

本书由重庆大学蒲秀娟主编。第 1—3 章由胡浩、韩亮编写,第 4—8 章由蒲秀娟、韩庆文编写,第 9、10 章由陈正川、曾令秋编写。

由于编者水平有限,书中难免存在疏漏和不足之处,恳请广大读者批评指正。

编 者
2024 年 1 月

目 录

第一部分　LabVIEW 软件

第1章　LabVIEW 软件介绍 ……………………………………… 2

1.1　初识 LabVIEW …………………………………………… 2

1.2　LabVIEW 入门 …………………………………………… 3

 1.2.1　启动 LabVIEW ……………………………………… 3

 1.2.2　VI 的组成 …………………………………………… 5

 1.2.3　前面板 ……………………………………………… 7

 1.2.4　程序框图 …………………………………………… 10

 1.2.5　工具选板 …………………………………………… 13

 1.2.6　搜索控件、VI 和函数 ……………………………… 15

 1.2.7　帮助 ………………………………………………… 15

 1.2.8　数据流 ……………………………………………… 18

 1.2.9　项目浏览器 ………………………………………… 18

 1.2.10　程序调试 ………………………………………… 20

第2章　LabVIEW 编程基础 …………………………………… 23

2.1　常用数据类型及转换 …………………………………… 23

 2.1.1　常用数据类型 ……………………………………… 23

 2.1.2　常用数据类型转换 ………………………………… 29

2.2　数据运算函数 …………………………………………… 31

 2.2.1　算术运算函数 ……………………………………… 31

 2.2.2　布尔运算函数 ……………………………………… 32

 2.2.3　关系运算和比较函数 ……………………………… 33

 2.2.4　字符串函数 ………………………………………… 34

 2.2.5　数组函数 …………………………………………… 35

 2.2.6　簇函数 ……………………………………………… 36

2.3　程序结构 ………………………………………………… 37

 2.3.1　顺序结构 …………………………………………… 37

 2.3.2　循环结构 …………………………………………… 38

 2.3.3　条件结构 …………………………………………… 40

 2.3.4　事件结构 …………………………………………… 40

 2.3.5　公式节点及 MathScript 节点 ……………………… 41

 2.3.6　移位寄存器 ………………………………………… 44

 2.3.7　变量 ………………………………………………… 44

2.4　图形显示 ………………………………………………… 45

 2.4.1　波形图表 …………………………………………… 46

1

2.4.2 波形图 ………………………………………………… 46

2.4.3 XY 图 …………………………………………………… 47

第 3 章 LabVIEW 信号处理 …………………………………… 48

3.1 波形生成 ………………………………………………… 48

3.1.1 基本波形生成 ………………………………………… 49

3.1.2 噪声波形生成 ………………………………………… 50

3.2 信号生成 ………………………………………………… 51

3.3 波形调理 ………………………………………………… 52

3.3.1 数字 FIR 滤波器 VI …………………………………… 52

3.3.2 连续卷积(FIR)VI ……………………………………… 53

3.3.3 按窗函数缩放 VI ……………………………………… 53

3.3.4 波形对齐和重采样 …………………………………… 53

3.3.5 滤波器 ………………………………………………… 54

3.4 波形测量 ………………………………………………… 56

3.4.1 基本平均直流-均方根 VI ……………………………… 56

3.4.2 瞬态特性测量 VI ……………………………………… 57

3.4.3 提取单频信息 VI ……………………………………… 57

3.4.4 FFT 频谱(幅度-相位)VI ……………………………… 57

3.4.5 频谱测量 ……………………………………………… 58

3.5 信号运算 ………………………………………………… 60

3.6 Express VI ……………………………………………… 61

第二部分 数字通信原理实验

第 4 章 抽样定理 ………………………………………………… 65

4.1 低通信号的抽样定理 …………………………………… 65

4.2 实际抽样 ………………………………………………… 66

4.2.1 自然抽样 ……………………………………………… 66

4.2.2 平顶抽样 ……………………………………………… 67

4.3 抽样定理实验 …………………………………………… 67

4.3.1 实验目的 ……………………………………………… 67

4.3.2 低通抽样实验内容 …………………………………… 68

4.3.3 平顶抽样实验内容 …………………………………… 71

第 5 章 模拟信号的量化 ………………………………………… 74

5.1 均匀量化 ………………………………………………… 74

5.2 均匀量化实验 …………………………………………… 75

5.2.1 实验目的 ……………………………………………… 75

5.2.2 实验内容 ……………………………………………… 76

5.2.3 实验任务 ……………………………………………… 77

第 6 章　PCM 编译码 ·························· 80

　6.1　PCM 编码的基本原理 ················· 80

　6.2　PCM 编译码实验 ····················· 83

　　6.2.1　实验目的 ····················· 83

　　6.2.2　实验内容 ····················· 83

　　6.2.3　实验任务 ····················· 84

第 7 章　数字基带传输系统 ··············· 85

　7.1　数字基带传输系统 ··················· 85

　7.2　脉冲成形与匹配滤波 ················· 87

　　7.2.1　脉冲成形 ····················· 88

　　7.2.2　匹配滤波 ····················· 88

　　7.2.3　脉冲成形与匹配滤波实验 ········ 89

　7.3　数字基带传输系统实验 ··············· 90

　　7.3.1　实验目的 ····················· 90

　　7.3.2　实验内容 ····················· 90

　　7.3.3　实验任务 ····················· 92

　7.4　码间干扰实验 ····················· 93

　　7.4.1　码间干扰 ····················· 93

　　7.4.2　码间干扰实验 ················· 94

　7.5　眼图实验 ························· 95

　　7.5.1　眼图 ························· 95

　　7.5.2　眼图实验 ····················· 96

第 8 章　传统数字调制 ·················· 98

　8.1　二进制振幅键控(2ASK) ············· 98

　　8.1.1　2ASK 调制与解调 ··············· 99

　　8.1.2　2ASK 实验 ····················· 100

　　8.1.3　实验任务 ····················· 102

　8.2　二进制频移键控(2FSK) ············· 103

　　8.2.1　2FSK 调制与解调 ··············· 103

　　8.2.2　2FSK 实验 ····················· 105

　8.3　二进制相移键控(2PSK) ············· 106

　　8.3.1　2PSK 调制与解调 ··············· 107

　　8.3.2　2PSK 试验 ····················· 108

　8.4　二进制差分相移键控(2DPSK) ········· 109

　　8.4.1　2DPSK 信号的调制与解调 ········· 109

　　8.4.2　2DPSK 实验 ···················· 110

第 9 章　软件无线电 ·················· 112

　9.1　软件无线电结构 ···················· 112

　　9.1.1　软件无线电接收机结构 ·········· 113

9.1.2　软件无线电发射机结构 ……………………… 115

9.2　复基带等效定理 ……………………………………… 116

9.3　高性能软件无线电 USRP ……………………………… 117

9.3.1　USRP 简介 ………………………………… 117

9.3.2　USRP 前面板 ……………………………… 118

9.3.3　USRP 内部结构 …………………………… 119

9.3.4　构建软件无线电平台 ……………………… 120

9.4　USRP 驱动配置 ……………………………………… 120

9.4.1　USRP 驱动安装 …………………………… 120

9.4.2　USRP 发送端配置 ………………………… 121

9.4.3　USRP 接收端配置 ………………………… 122

9.4.4　USRP 参数配置 …………………………… 124

9.5　正弦信号的发射和接收 ……………………………… 125

9.5.1　正弦信号的发射 …………………………… 125

9.5.2　正弦信号的接收 …………………………… 127

第 10 章　MPSK 传输系统的设计实现 …………………… 129

10.1　MPSK 基带调制 …………………………………… 129

10.1.1　2PSK 基带调制 ………………………… 130

10.1.2　QPSK 基带调制 ………………………… 130

10.2　MPSK 传输系统 …………………………………… 132

10.3　常用虚拟仪器 ……………………………………… 133

10.3.1　PN 序列生成器 ………………………… 133

10.3.2　星座图观测仪 …………………………… 134

10.3.3　误比特率观测仪 ………………………… 134

10.4　MPSK 传输系统实验 ……………………………… 135

10.4.1　实验目的 ………………………………… 135

10.4.2　实验内容 ………………………………… 135

10.4.3　实验要求 ………………………………… 136

10.5　MPSK 文本传输实验 ……………………………… 139

10.6　MPSK 图像传输实验 ……………………………… 141

10.7　MPSK 语音传输实验 ……………………………… 143

10.8　基于 USRP 的 MPSK 传输系统设计 …………… 146

参考文献 ……………………………………………………… 147

第一部分

LabVIEW 软件

第 1 章
LabVIEW 软件介绍

1.1 初识 LabVIEW

LabVIEW 是实验室虚拟仪器工程平台(Laboratory Virtual Instrument Engineering Workbench)的简称,是一种由美国国家仪器公司(National Instruments,NI)开发的图形化编程环境和开发平台。与 C、C++等传统的文本编程方式不同,LabVIEW 采用图形化编程方式,使用图形符号(如节点、连线和图标)来表示程序的结构和功能。开发人员不需要编写传统的文本代码,通过拖曳和连接这些图形符号就能像搭积木一样创建所见即所得的程序。LabVIEW 图形化编程把人们从繁杂的编程中解放出来,通过降低应用系统开发时间与项目筹建成本来帮助人们提高工作效率,被广泛应用于科学研究、教育、嵌入式系统开发、工业自动化、测试和测量、信号处理和图像处理等领域。

LabVIEW 编程具有许多独特的特点,这些特点使它成为科学、工程和测试领域中一个强大且受欢迎的编程环境,具体特点如下所示。

(1)图形化编程

LabVIEW 使用图形化的编程方式,通过图形符号和连线表示程序结构和功能,避免了传统文本编程的复杂语法,使编程更加容易,非专业编程人员也能快速进行开发和设计。这种视觉化编程方式使得程序更易于理解、调试和维护。

（2）模块化编程

LabVIEW 的基本程序单元称为虚拟仪器（Virtual Instrument，VI），每个 VI 都可以封装成功能模块，作为子 VI 供其他 VI 调用。这种模块化的编程风格提高了代码的可读性、可重用性和可维护性。

（3）数据流编程

LabVIEW 采用数据流编程模型，程序执行由数据驱动，数据从一个节点流向另一个节点，通过连线来表示数据流，数据流决定了程序的执行顺序，而不是采用传统文本编程语言的顺序执行方式。

（4）多线程和并行编程

LabVIEW 支持并行执行多个模块来实现多线程编程，可以同时处理多个任务，提高程序的效率和响应速度。

（5）支持多终端和多平台

通过 LabVIEW 应用程序，可使用多核处理器和其他并行硬件。例如，现场可编程门阵列（Field Programmable Gate Array，FPGA）。LabVIEW 应用程序可被自动调整以适用于 2 核、4 核或更多核 CPU，通常无须进行额外的编程处理。LabVIEW 支持多个操作系统，包括 Windows、macOS 和 Linux 等。用户可以在不同平台上开发和运行 LabVIEW 程序，从而提高程序的可移植性。

（6）丰富的函数库和工具包

LabVIEW 提供了丰富的函数库和工具包，涵盖了数据采集、信号处理、控制系统等多个领域的常用功能，方便用户进行开发和测试。LabVIEW 还支持自定义功能模块和工具包，用户可以根据需要进行扩展和定制，满足特定的应用需求。

（7）硬件设备集成

LabVIEW 可以与各种硬件设备（如传感器、仪器、控制设备等）进行集成和通信，支持实时控制和数据采集。它提供了丰富的连接接口和驱动程序，方便用户与外部设备进行交互。

1.2　LabVIEW 入门

1.2.1　启动 LabVIEW

打开 LabVIEW 2019（32 位）中文专业版软件，应用程序启动后的界面如图 1.1 所示。在启动窗口中可以通过菜单栏创建或打开项目，也可以通过启动窗口的"创建项目""打开现有项目"快捷按钮实现相同的功能。通过菜单栏还可以实现查找范例、打开 LabVIEW 帮助等功能。创建项目或打开现有项目后，启动窗口消失。关闭全部前面板和程序框图后，会再次显示启动窗口。单击前面板菜单栏的"查看"→"启动窗口"，即可随时显示该窗口。

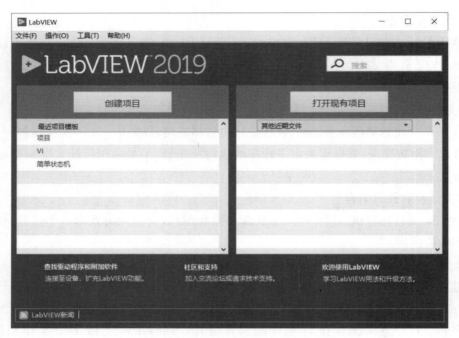

图 1.1 LabVIEW 启动窗口

单击启动窗口左侧的"创建项目"按钮,界面跳转到"创建项目"窗口,如图 1.2 所示。LabVIEW 提供了多种模板和范例项目,用户可使用这些模板和范例创建具有可靠设计和编程方法的项目,其中最常用的是项目模板和 VI 模板。

图 1.2 "创建项目"窗口

1.2.2　VI 的组成

LabVIEW 编写的程序称为虚拟仪器,一个完整的 VI 由前面板、程序框图、图标和连线板组成。

（1）前面板

前面板是用户与程序之间信息交互的界面。在前面板上所使用的对象为输入控件和显示控件。通过输入控件,用户可以向程序输入数据;通过显示控件,用户可以观察程序输出的结果。如图 1.3 所示,控件 A 和控件 B 为输入控件,控件 A+B 和控件 A−B 为显示控件。

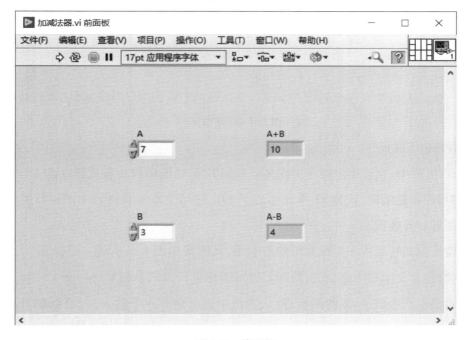

图 1.3　前面板

（2）程序框图

程序框图是 LabVIEW 的图形化编程界面,用于表示程序的逻辑结构和功能,通常也称为后面板。它提供了一个图形化的工作区域,让用户通过拖曳、连接和配置图形符号来编写程序。前面板控件创建完成后,在程序框图中用图形化编程方式来控制前面板上的对象,实现所需功能。程序框图包含接线端、节点、连线、结构等组成要素。如图 1.4 所示,输入控件 A 和 B、显示控件 A+B 和 A−B 是接线端,"加"和"减"函数是节点。

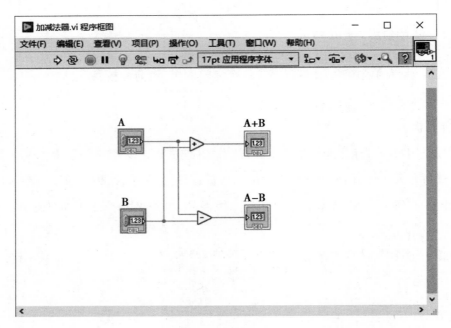

图 1.4　程序框图

（3）图标和连线板

在 LabVIEW 中，允许用户将一个或多个 LabVIEW 功能模块封装成独立的 VI 单元，在其他 VI 中调用和重复使用，这种 VI 单元称为子 VI。它与文本编程语言中的函数类似。子 VI 必须具有图标和连线板。

图标位于前面板或程序框图窗口的右上角，其图案如图 1.5 所示。图标是 VI 的图形化表示，可同时包含文本和图像，双击图标可以对图标进行编辑。如果将一个 VI 用作子 VI，程序框图上将显示代表该子 VI 的图标，默认图标中右下角有一个数字，表明 LabVIEW 启动后打开新 VI 的个数。

如果要将 VI 用作子 VI，用户需要创建连线板。连线板位于前面板窗口右上角的 VI 图标旁，其图案如图 1.6 所示。连线板集合了 VI 的各个接线端，与 VI 中的输入控件和显示控件相互呼应，用户可以自定义子 VI 的输入、输出端口，类似文本编程语言中函数调用的参数列表。

图 1.5　图标　　　　　　　　　图 1.6　连线板

1.2.3　前面板

新建 VI 或打开现有 VI 时,将出现 VI 的前面板窗口。前面板窗口是 VI 的用户界面,在程序执行时展示输入控件、输出结果和图形化数据。前面板窗口主要包括菜单栏、工具栏、设计区、图标和连线板,如图 1.7 所示。

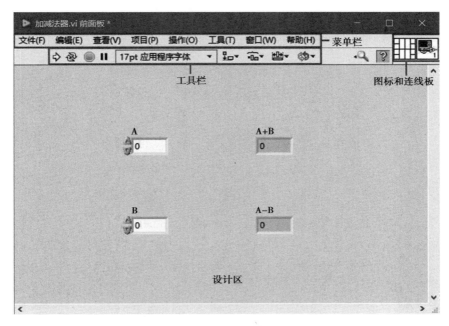

图 1.7　前面板窗口

窗口顶部的菜单栏为 LabVIEW 软件的大多数功能提供了入口,它是一种树形结构,包括文件、编辑、查看、项目、操作、工具、窗口、帮助 8 个功能菜单,单击相应功能后可展开下一级功能菜单。前面板设计过程中最常用的功能菜单是"查看"→"控件选板",如图 1.8 所示。

控件选板包括前面板设计所需的全部对象,由输入控件和显示控件组成,这些控件是 VI 的输入/输出端口。控件选板包括新式、NXG 风格、银色、系统、经典、Express、. NET 与 ActiveX 等多种样式的子选板,用户也可以自行安装其他控件,如图 1.8 所示中的"RF Communications"子选板即为用户安装的控件。

控件按照类型可分为数值控件,布尔控件,字符串与路径控件,数据容器控件,列表、表格和树控件,图形控件,下拉列表与枚举控件,布局控件,I/O 控件,变体与类控件,修饰控件和引用句柄控件,如图 1.9 所示为新式子选板。选择的子选板风格不同,可用的前面板控件类型也不尽相同,具体请参考对应子选板的内容。

图 1.8   控件选板

图 1.9   新式子选板

①数值控件用于在前面板上输入和显示数值数据,数值控件类型和功能见表 1.1。选择的子选板风格不同,可用的前面板控件类型也不尽相同。

表 1.1   数值控件

类型	功能
数值	输入或显示数值数据
时间标识	发送或获取日期时间值
填充滑动杆	在可自定义标尺的垂直或水平滑动杆上显示数值数据
指针滑动杆	在可自定义标尺且带精确指针的垂直或水平滑动杆上显示数值数据
进度条	在垂直或水平条中显示进度
刻度条	在垂直或水平条中显示进度,同时带自定义的分隔条将进度均匀分为数段显示
旋钮、转盘、仪表和量表	使用旋转操作来输入或显示数值数据

类型	功能
液罐和温度计	在拥有液罐或温度计外观的垂直滑动杆中显示数值数据
滚动条	在拥有滚动条外观的垂直滑动杆中显示数据,可通过拖动滑块、滚动鼠标滚轮、单击增量或减量按钮,或单击滚动条的空白区域来改变滚动条的值
颜色盒	显示对应于某一特定数值的颜色
颜色梯度	通过颜色来显示数值数据。当输入值改变时,显示颜色将变成该值规定的颜色
波形	输入或显示波形数值数据

②布尔控件是通过按钮、开关、指示灯等形式来接收或显示布尔值(TRUE/FALSE),并允许用户交互地改变这些布尔值,通常用于控制程序执行流程、触发特定操作或作为程序中的逻辑开关。

③字符串与路径控件用于输入或显示文本,路径控件用于输入或显示文件或文件夹的路径。

④数据容器是用于存储和处理数据的控件。常用的数组控件用于存储和显示一维或多维数组数据;矩阵控件类似于数组控件,但专门用于处理矩阵数据;簇控件将多个不同数据类型的控件组合成一个单独的控件。

⑤列表、表格和树控件用于向用户提供一个选项列表,以表格形式或层级结构方式显示和管理数据。

⑥图形控件用于在图形、图标或曲线上绘制数值数据。

⑦下拉列表与枚举控件用于创建可供用户选择的选项列表。

⑧布局控件用于帮助用户更好地组织和排列前面板上的控件,从而创建更整洁、易读的界面。

⑨I/O 控件可将所配置的 DAQ 通道名称、VISA 资源名称和 IVI 逻辑名称传递至 I/O VI,与仪器或 DAQ 设备进行通信。

⑩变体与类控件通过变体和一些特定的设计模式,提供了类似于面向对象编程的功能。

⑪修饰控件用于美化、装饰或改变控件外观和行为,以增强用户界面的交互性和可视化效果。

⑫引用句柄控件是用于处理和操作数据、对象或资源的标识符。引用句柄控件通常用于管理和操作不同类型的资源,如文件、目录、设备和网络连接等。

前面板工具栏包括 VI 设计和运行过程中常用的工具,如图 1.10 所示。

图 1.10　前面板工具栏

工具栏从左往右依次提供以下工具。

①运行 ⇨:程序只运行一次,并在完成其数据流后停止。

②连续运行 🔁:程序连续运行直到手动停止。

③中止执行 ⏹:在程序执行完成前立即停止运行。

④暂停 ⏸:暂时停止程序运行。

⑤文本设置 17pt 应用程序字体 ▾:设置文本字体的样式、大小、颜色等属性。

⑥对齐对象 🔛▾:对多个对象进行上、下、左、右边缘对齐,居中对齐等操作。

⑦分布对象 🔛▾:对多个对象按边缘、居中、间隔、压缩等均匀分布。

⑧调整对象大小 🔛▾:调整所选对象的尺寸。

⑨重新排序 🔛▾:对所选对象进行组合、取消组合、锁定、解锁,调整重叠对象的相对位置。

⑩搜索 🔍:程序内搜索功能,搜索范围包括控件选板、函数选板、帮助系统以及 NI 网站。

⑪即时帮助 ❓:显示或隐藏"即时帮助"窗口。

1.2.4　程序框图

程序框图是图形化源代码的集合,它使用图形化的数据流编程语言,使用户可以轻松地设计、构建和调试程序。程序框图窗口主要包括菜单栏和工具栏和设计区,如图 1.11 所示。

窗口顶部的菜单栏与前面板窗口类似,为 LabVIEW 软件的大多数功能提供入口,包括文件、编辑、查看、项目、操作、工具、窗口和帮助 8 个功能菜单,单击相应的功能后可展开下一级功能菜单。在程序框图设计中最常用的功能菜单是"查看"→"函数选板",如图 1.12 所示。

函数选板是程序框图设计的模块工具,包括创建框图程序所需的 VI、函数及常量等。按照 VI 和函数的类型,将 VI 和函数归入不同子选板中,包括编程、测量 I/O、仪器 I/O、数学、信号处理、数据通信、互连接口、控制和仿真、Express 等。用户还可以根据自身的需求安装其他功能的子选板。

程序框图对象包括接线端、节点、连线和结构。

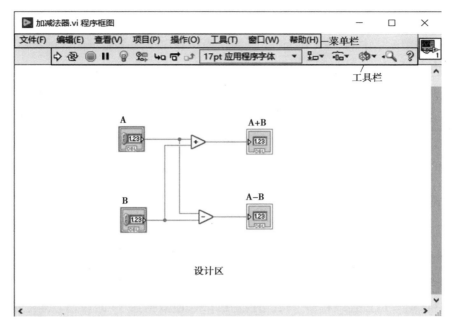

图 1.11　程序框图窗口

图 1.12　函数选板

（1）接线端

前面板窗口的对象在程序框图中显示为接线端。接线端是在前面板和程序框图之间交换信息的输入、输出端口。接线端类似于文本编程语言的参数和常量。接线端的类型包括输入控件接线端、显示控件接线端和节点接线端。用户在前面板控件输入的数据（如图 1.7 中的 A 和 B）先通过输入控件接线端输入程序框图。然后通过节点接线端进入"加"和"减"函数节点。运算结束后,输出新的数据值。数据将传输至显示控件接线端,更新前面板显示控件中的数据(如图 1.7 中的 A+B 和 A-B)。如果要在程序框图上显示函数的接线端,选中函数节点,然后单击鼠标右键从快捷菜单中选择"显示项"→"接线端"。

(2)节点

节点是程序框图上的对象,带有输入、输出端,在 VI 运行时进行运算。节点相当于文本编程语言中的语句、运算符、函数和子程序。节点可以是函数、子 VI、Express VI 和结构。图 1.11 中的"加"和"减"函数即为函数节点。

(3)连线

连线用于在程序框图中各对象间传递数据。在图 1.11 中,输入控件和显示控件的接线端通过连线连接至"加"和"减"函数。每根连线都只有一个数据源,但可以与读取该数据的多个 VI 和函数相连。

在 LabVIEW 中通过连线将多个接线端连接起来,使数据在 VI 间传递。通过连线相连的两个端口上传输的数据类型必须保持一致。例如,数组输出与数值输入之间不能连线。此外,连线的方向必须正确。连线只能连接一个输入端及至少一个输出端。例如,两个显示控件间不能连线。判定连线是否兼容的因素包括输入控件的数据类型、显示控件及接线端的数据类型。

(4)结构

结构是 LabVIEW 编程环境中用于组织、控制和管理程序流程的特定结构和元素,可以让用户以直观的方式设计程序,控制数据流和执行顺序,相当于文本编程语言中的循环、条件等语句的图形化表示。有关结构的详细内容将在第 2 章进行讲解。

程序框图的工具栏包括 VI 设计和运行过程中常用的工具,如图 1.13 所示。

图 1.13　程序框图的工具栏

工具栏从左往右依次提供以下工具:

①运行 　:程序只运行一次,并在完成其数据流后停止。

②连续运行 　:程序连续运行直到手动停止。

③中止执行 　:在程序执行完成前立即停止运行。

④暂停 　:暂时停止程序运行。

⑤高亮显示执行过程 　:通过沿连线移动的圆点显示数据在程序框图上从一个节点移

动到另一个节点的过程。

⑥保存连线值 ：自动存储程序框图上的每根连线的最后一个值。

⑦单步步入 ：打开当前节点，然后暂停。

⑧单步步过 ：执行当前节点并在下一个节点前暂停。

⑨单步步出 ：结束当前节点的操作并暂停。

⑩文本设置 17pt 应用程序字体 ▼：设置文本字体的样式、大小、颜色等属性。

⑪对齐对象 ：对多个对象进行上、下、左、右边缘对齐，居中对齐等操作。

⑫分布对象 ：对多个对象按边缘、居中、间隔、压缩等均匀分布。

⑬重新排序 ：对所选对象进行组合、取消组合、锁定、解锁，调整重叠对象的相对位置。

⑭整理程序框图 ：对程序框图上的对象进行自动重新连线和重排位置。

⑮搜索 ：程序内搜索功能，搜索范围包括控件选板、函数选板、帮助系统以及 NI 网站。

⑯即时帮助 ：显示或隐藏"即时帮助"窗口。

1.2.5　工具选板

在前面板或程序框图中，单击菜单栏"查看"→"工具选板"都可以打开工具选板，如图 1.14 所示。工具选板上的每一个工具都对应了鼠标的一个操作模式，鼠标动作取决于所选择的工具图标，可根据情况选择合适的工具创建、修改和调试程序。

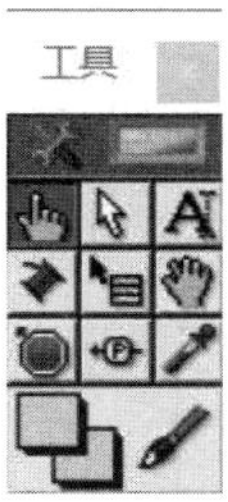

（1）自动选择工具

该工具右侧矩形框为绿色时激活自动选择工具功能，当光标移到前面板或程序框图的对象上时，LabVIEW 将从工具选板中自动选择相应的工具。单击右侧矩形框可关闭自动选择功能，矩形框的颜色由绿色变成灰色时可手动选择工具。

图 1.14　工具选板

（2）操作值工具

操作值工具用于更改控件的值，通常在前面板窗口中使用，但也可在程序框图窗口中使用操作值工具更改布尔常量的值。

（3）定位/调整大小/选择工具

该工具用于对象的选择、定位或调整大小。选择对象后，可移动、复制或删除对象。定位工具可用在前面板窗口和程序框图窗口中。

（4）编辑文本工具

编辑文本工具用于输入文本、编辑文本和创建标签。如果启用了自动选择工具，在前面板或程序框图窗口中双击任意位置可以切换至该工具。

（5）连线工具

连线工具用于连接程序框图上的对象。如果启用了自动选择工具，光标移至接线端的输入或输出端及连线时，会自动切换为连线工具。连线工具主要在程序框图窗口中使用，也可在前面板窗口中创建连线板时使用。

（6）对象快捷菜单工具

用对象快捷菜单工具单击某对象时，会弹出该对象的快捷菜单，与选中对象单击右键功能相同。

（7）滚动窗口工具

使用滚动窗口工具时，无须拖动滚动条就可以自由滚动前面板或程序框图的设计区域。

（8）设置/清除断点工具

该工具可在调试程序过程中设置或清除断点。

（9）探针数据工具

在程序框图的数据流或节点上加入探针，可以在调试程序过程中监视放置探针位置数据的变化。

（10）获取颜色工具

该工具可以从当前窗口中提取颜色用于编辑其他对象。

(11)设置颜色工具 ![]

该工具用于设置窗口中对象的前景色和背景色。

1.2.6　搜索控件、VI 和函数

打开控件选板或函数选板时,在窗口顶部可以看到"搜索"和"自定义"两个按钮。

(1)搜索

"搜索"按钮用于将选板转换至搜索模式,通过文本搜索来查找选板上的控件、VI 和函数。选板处于搜索模式时,可单击"返回"按钮退出搜索模式,返回至选板。

(2)自定义

"自定义"按钮用于选择当前选板的视图模式,显示或隐藏所有选板目录,在文本和树形模式下按字母顺序对各项排序。在快捷菜单中选择选项,打开"选项"对话框中的"控件/函数选板"页,可根据需要对选板的加载、格式等进行设置。

在未熟悉 VI 和函数的位置前,可通过"搜索"按钮搜索所需的函数或 VI。例如,要查找"随机数"函数,单击函数选板上的"搜索"按钮并在选板顶部的文本框内键入"随机数"。LabVIEW 将列出所有匹配的项,包含以"随机数"开头或其中包含"随机数"文本的项,如图 1.15 所示。

用户可单击其中一个搜索结果并将其拖曳到程序框图。双击搜索结果可跳转到其所在子选板的位置。常用对象可将其添加至"收藏夹",在选板上右键单击对象并选择"添加项至收藏夹"。

与"搜索"按钮功能类似,还可以使用快速放置功能通过名称指定选板对象,并将对象放置在程序框图或前面板上。单击菜单栏"查看"→"快速放置",弹出"快速放置"对话框,输入要在程序框图或前面板上放置的对象名称,LabVIEW 将结果显示在名称匹配列表窗口中,如图 1.16 所示。双击列表中的对象名称,可使对象随光标移动,单击程序框图或前面板上的某一位置,可将对象放置到该位置;或者单击列表中的对象名称,再单击程序框图或前面板上的某一位置,可将对象放置到该位置。

1.2.7　帮助

LabVIEW 软件中集成了非常详细的帮助工具,包括使用即时帮助窗口、LabVIEW 帮助、NI 范例查找器创建和编辑 VI。

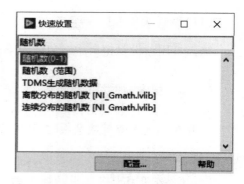

图 1.15　在函数选板内搜索对象　　　　图 1.16　在"快速放置"对话框中搜索对象

（1）即时帮助窗口

移动光标至 LabVIEW 对象时，即时帮助窗口可显示该对象的基本信息。单击菜单栏"帮助"→"显示即时帮助"或单击工具栏上的"显示即时帮助窗口"按钮可打开即时帮助窗口。

移动光标至前面板和程序框图对象时，即时帮助窗口显示子 VI、函数、常量、输入控件和显示控件等对象的图标、功能简介以及每个接线端的名称等信息，如图 1.17 所示。

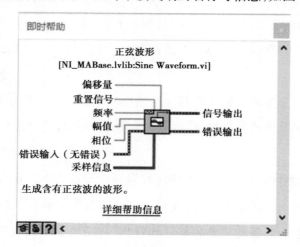

图 1.17　即时帮助窗口

单击即时帮助窗口左下角的"显示可选接线端和完整路径"按钮，显示连线板的可选接线端及 VI 的完整路径。可选接线端显示为接线头，提示用户存在其他连接。

单击"锁定"按钮锁定即时帮助窗口。即时帮助内容被锁定后，移动光标至其他对象不会改变即时帮助窗口的内容。再次单击该按钮可解除锁定。通过帮助菜单也可访问该选项。

如果即时帮助窗口中的对象在 LabVIEW 帮助中也有相应的介绍，那么在即时帮助窗口中会出现一个蓝色的"详细帮助信息"链接。单击该链接或单击即时帮助窗口下左下角的"详细帮助信息"按钮，会弹出"LabVIEW 帮助"窗口显示该对象的详细信息。

16

（2）LabVIEW 帮助

单击即时帮助窗口左下角的"详细帮助信息"按钮、单击菜单栏"帮助"→"LabVIEW 帮助"或单击即时帮助窗口蓝色的"详细帮助信息"链接可访问 LabVIEW 帮助。

LabVIEW 帮助包含多数选板、菜单、工具、VI 及函数的详细介绍，也提供了使用 LabVIEW 功能的分步指导。LabVIEW 帮助包含下列资源的链接：

- LabVIEW 文档资源，包含了全部 LabVIEW 手册的 PDF 版本。
- NI 网站的技术支持资源。例如，NI 开发者论坛、知识库和产品手册文库。

（3）NI 范例查找器

通过 NI 范例查找器可浏览或搜索计算机上已安装的范例，或 NI 官网（ni.com）中的范例。范例可演示使用 LabVIEW 执行多种测试、测量、控制和设计任务的方法。单击菜单栏中的"帮助"→"查找范例"可启动 NI 范例查找器，如图 1.18 所示。

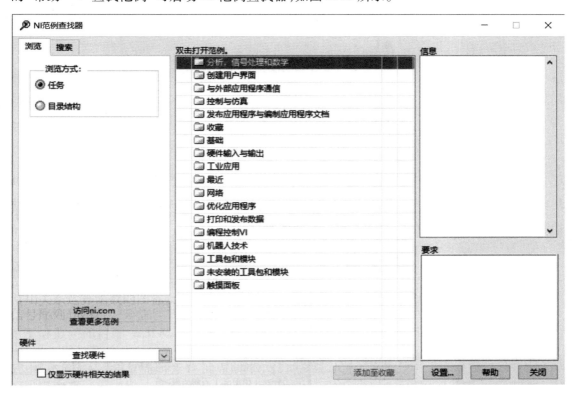

图 1.18　NI 范例查找器

范例可演示使用特定 VI 或函数的方法，部分 VI 或函数没有范例。右键单击程序框图或已锁定选板上的 VI 或函数，在快捷菜单中选择"范例"，打开帮助主题可显示该 VI 或函数的范例链接。用户可依据应用程序修改范例，或在创建的 VI 中添加范例。

1.2.8 数据流

Visual Basic、C/C++、Java 以及绝大多数其他文本编程语言都遵循程序执行的控制流模式。在控制流中,程序元素的先后顺序决定了程序的执行顺序。

LabVIEW 按照数据流模式运行 VI。当具备了所有必需的输入时,程序框图节点即可开始运行。节点在运行时产生输出数据并将该数据传送给数据流路径中的下一个节点。数据流经节点的动作决定了程序框图上 VI 和函数的执行顺序。

数据流示例如图 1.19 所示,程序框图中输入 1 和输入 2 先进行加法运算,然后从和值中减去随机数(0-1)。在该示例中,程序框图从左往右执行。并非因为图中对象的摆放次序,而是因为"减"函数需要等待"加"函数执行结束并将结果数据传递给它后,才能执行。当节点的全部输入端上的数据都准备就绪后,才能开始执行。当节点执行结束后,才能将数据传递到输出接线端。

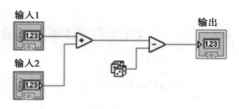

图 1.19 数据流示例图

单击工具栏中的"高亮显示执行过程",然后单击"运行",可以观察到代码的执行变慢,并直接在程序框图上显示数据流,如图 1.20 所示。高亮显示执行过程是 LabVIEW 软件中非常强大的调试和可视化技术,能提高程序的调试效率。

1.2.9 项目浏览器

项目是 LabVIEW 软件中用于组织、管理和保存 LabVIEW 应用程序所需资源的集合。它包括 VI、保证 VI 正常运行所必需的文件,以及其他支持文件。LabVIEW 项目的创建和使用有助于更好地维护和管理大型项目,从而提高工作效率。

某些 LabVIEW 应用程序(如简单 VI)不需要使用 LabVIEW 项目。但生成独立应用程序和共享库时必须使用 LabVIEW 项目。此外,与非开发机器终端(如 RT、FPGA 和 PDA 终端)配合使用时必须使用 LabVIEW 项目。

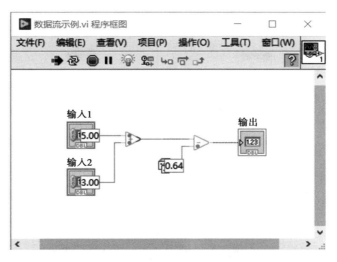

图 1.20　高亮显示执行过程

项目浏览器的作用是管理 LabVIEW 项目。在创建项目窗口选择"项目"模板,单击"完成"按钮跳转到"项目浏览器"窗口,如图 1.21 所示。

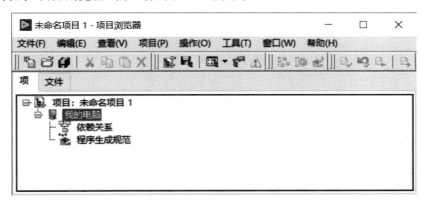

图 1.21　"项目浏览器"窗口

"项目浏览器"窗口有"项"和"文件"两个选项卡。"项"用于显示项目目录树中的项。"文件"用于显示项目中的相应文件以及这些文件在磁盘上的位置。

默认情况下,项目浏览器窗口包括以下内容:

(1)项目根目录

项目根目录包含项目浏览器窗口中所有的其他项。项目根目录的标签包括该项目的文件名。

(2)我的电脑

我的电脑表示可作为项目终端使用的本地计算机。

（3）依赖关系

依赖关系包含终端（运行 VI 的设备）下 VI 必需的项，如 VI、共享库、LabVIEW 项目库。

（4）程序生成规范

程序生成规范包括对源代码发布编译配置以及 LabVIEW 工具包和模块所支持的其他编译形式的配置。如已安装 LabVIEW 专业版开发系统或应用程序生成器，可使用程序生成规范配置独立应用程序、安装程序、程序包、共享包和 Zip 文件等。

右键单击项目浏览器窗口中的"我的电脑"→"新建"可以给项目新建 VI、虚拟文件夹、库等文件，如图 1.22 所示。

图 1.22　新建项目文件

右键单击项目浏览器窗口中的"我的电脑"→"添加"→"文件"，在弹出的窗口中选择磁盘内的已有文件，可将其添加至项目。

1.2.10　程序调试

程序设计完成后，需要将其运行起来观察是否实现了预期的功能。如果程序出错或者未能达到设计目标，就需要对程序进行调试，分析查找原因，修复错误或 bug。LabVIEW 图形化的编程环境和基于数据流的运行模式使程序调试更加直观，高亮显示执行过程和探针工具等为用户带来了良好的交互性体验，单步调试、断点调试、实时数据监视等多种调试方式使用户可以更高效、更方便地进行程序调试。具体来说，LabVIEW 程序调试的常用方式包括高亮显示执行过程、单步执行、探针工具、设置断点等,下面将进行简单的介绍。

(1)程序运行和错误显示

1.2.4 节对程序框图的快捷工具栏已有介绍,此处不再赘述。单击程序框图快捷工具栏中的"运行"或"连续运行"按钮,将运行该程序。如果程序存在错误,"运行"工具图标将是断裂的箭头,单击该图标会弹出"错误列表"对话框,如图 1.23 所示。

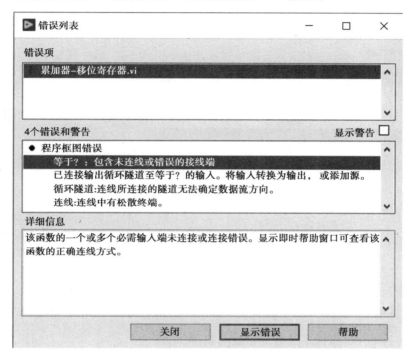

图 1.23　"错误列表"对话框

在窗口中可以看到 3 个显示框,从上到下分别是错误项、错误和警告列表以及详细信息。

①错误项:列出当前 VI 中与错误和警告相关的所有项。

②错误和警告列表:显示所有的错误,勾选"显示警告"复选框才会显示警告。左键双击选中的错误,该界面将跳转到程序框图并聚焦到对应的错误位置。

③详细信息:显示选中的错误或警告的具体内容。

(2)高亮显示执行过程

单击程序框图快捷工具栏中的"高亮显示执行过程"按钮,激活该功能,程序运行时可以观察到程序执行速度的变慢,程序框图上显示程序执行和数据流动过程,如图 1.20 所示。

(3)单步执行

单步执行能一步一步地查看代码的执行过程,使用户能够清晰地看到程序的逐步执行情况,以便更好地理解和调试程序。单步执行命令包括单步步入、单步步过、单步步出。单击单步执行命令,LabVIEW 会在当前已准备就绪的节点上显示一个闪烁的边框,在"高亮显示执行过程"功能激活的情况下,将观察到数据从一个节点移动到下一个节点的过程。

(4)探针工具

探针工具用于检查 VI 运行时连线上的值。单击菜单栏中的"查看"→"工具选板"→"探针数据",将探针工具放置到想要监测数据的连线上时,会弹出探针监视窗口,如图 1.24 所示。程序运行后,"探针监视"窗口会立即更新和显示数据。

图 1.24 "探针监视"窗口

(5)设置断点

单击菜单栏中的"查看"→"工具选板"→"设置/清除断点",可在连线、节点、VI 上放置一个断点,当程序运行到该处时暂停执行。

程序调试

第 **2** 章

LabVIEW 编程基础

LabVIEW 作为一种图形化编程语言,虽然在编程方式上与文本编程有所不同,但是其基础编程知识与文本编程语言有很多相似的地方,熟练掌握基础编程知识,有助于提高编程效率和编程能力。本章内容包括常用数据类型及转换、数据运算函数、程序结构和图形显示 4 个部分。

2.1 常用数据类型及转换

2.1.1 常用数据类型

LabVIEW 所支持的数据类型十分丰富,包括数值、布尔、字符串与路径、数组、簇等。

1)数值

数值是最基本的数据类型,数值控件包括输入控件和显示控件,分为新式、NXG 风格、银色、系统、经典等多种风格。单击前面板中的"查看"→"控件选板"→"新式"→"数值",可查看新式数值控件,共 21 种,如图 2.1 所示。用户可根据设计内容和界面需求,选择相应风格的控件。

数值的分类包括整数型、浮点型、复数、定点数,见表 2.1。其中,整数型分为有符号和无符号 8、16、32、64 位数值共 8 种,在程序框图中,控件接线端和连线的颜色为蓝色。浮点型分为单精度浮点数、双精度浮点数、扩展精度浮点数 3 种,在程序框图中,控件接线端和连线的颜色为橙色。复数分为单精度复数、双精度复数和扩展精度复数 3 种,在程序框图中,接线端和连线的颜色为橙色。定点数只有定点型 1 种,在程序框图中,控件接线端和连线的颜色为灰色。

更改数据类型的方式有两种:一种是选中前面板或程序框图中的数值控件,单击右键,选择快捷菜单中的"属性"→"数据类型"→"表示法",选择需要的数据类型,如图 2.2 所示。另一种是选中前面板或程序框图的控件,单击"右键",选择快捷菜单中的"表示法",如图 2.3 所示。

图 2.1 新式数值控件

表 2.1 数值数据类型

	数据类型	接线端	存储位数
整数型	有符号 8 位整型	I8	8
	有符号 16 位整型	I16	16
	有符号 32 位整型	I32	32
	有符号 64 位整型	I64	64
	无符号 8 位整型	U8	8
	无符号 16 位整型	U16	16
	无符号 32 位整型	U32	32
	无符号 64 位整型	U64	64

数据类型		接线端	存储位数
浮点型	单精度浮点数	SGL	32
	双精度浮点数	DBL	64
	扩展精度浮点数	EXT	128
复数	单精度复数	CSG	64
	双精度复数	CDB	128
	扩展精度复数	CXT	256
定点数	定点型	FXP	64

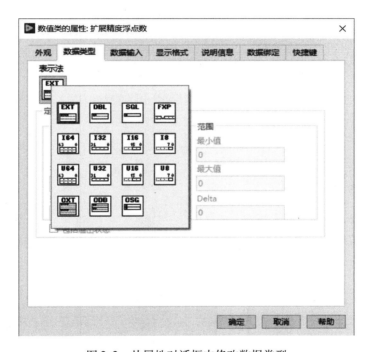

图 2.2　从属性对话框中修改数据类型

同本文编程软件类似,除数值变量外,LabVIEW 也有数值常量,单击程序框图中的"查看"→"函数选板"→"编程"→"数值",如图 2.4 所示,可以看到"数值常量""DBL 数值常量"和"数学与科学常量"。

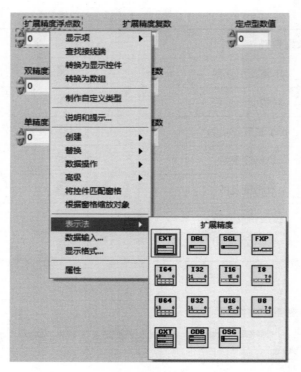

图 2.3 从"表示法"快捷菜单中修改数据类型

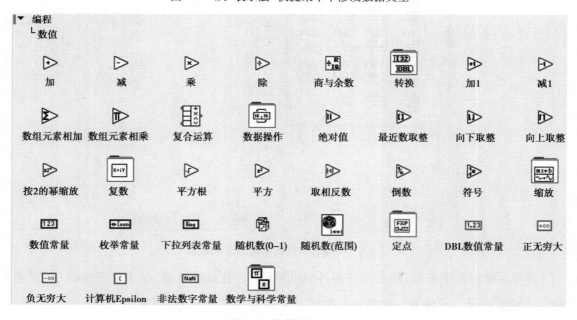

图 2.4 数值 VI 和函数

2）布尔

布尔数据类型又称为逻辑数据类型，只有"真"和"假"两种取值。单击前面板中的"查看"→"控件选板"→"新式"→"布尔"，可以看到布尔型输入和显示控件，有按钮、开关、指示灯、摇杆等形态,如图 2.5 所示。在程序框图中,布尔控件的接线端和连线的颜色均为绿色。

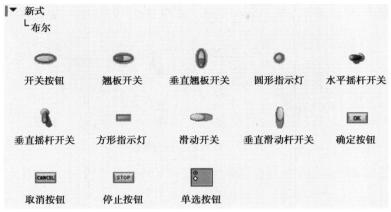

图 2.5　新式布尔控件

3)字符串与路径

字符串是由数字、字母、下画线组成的一串字符,它是表示文本的数据类型,字符串控件用于输入或显示文本。字符串控件分为字符串输入控件、字符串显示控件和组合框控件,如图 2.6 所示。组合框控件用于创建由多个字符串组成的列表,每个字符串都是组合框的一个选项,并对应一个键值。在程序框图中,字符串控件的接线端和连线的颜色为紫红色。在该子选板内还包含文件路径输入控件和文件路径显示控件,用于输入和显示文件或文件夹的路径。在程序框图中,路径控件接线端和连线的颜色为深绿色。

图 2.6　新式字符串与路径控件

4)数组

数组是一种复合数据类型,是由一系列相同类型的元素组成的大小可变的集合。数组有元素和维度两个组成要素,元素是组成数组的数据,维度是数组的长度、高度或深度。元素的数据类型可以是数值、布尔、字符串、路径、引用句柄、簇输入控件或簇显示控件。维度可以是一维的或多维的,在内存允许的情况下,每一维度最多可有 $2^{31}-1$ 个元素。创建数组的方法有两种,分别是由前面板创建和由程序框图创建。

在前面板中单击"查看"→"控件选板"→"新式"→"数据容器"→"数组",在设计区放置一个数组外框,再将元素拖放到数组外框内以创建数组,如图 2.7 所示,元素的数据类型为数值。选中数组,光标移动到右侧出现双箭头图标,按住鼠标左键向右拖动可以增加数组元素的个数。选中数组,单击鼠标右键从快捷菜单中选择"添加维度"可以增加数组的维度。

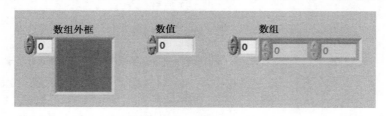

图 2.7　由前面板创建数组

由程序框图创建数组的过程与由前面板创建数组的过程相同,不同点在于由程序框图创建数组是数组常量。其创建过程是在程序框图中单击"查看"→"函数选板"→"编程"→"数组"→"数组常量",在设计区放置一个数组常量外框,再将数值常量、布尔常量、字符串常量、簇常量等元素拖放到数组常量外框内以创建一个数组常量,如图 2.8 所示,元素的数据类型为数值常量。用前面板相同的操作方法可以增加数组的元素和维度。

图 2.8　由程序框图创建数组常量

5)簇

簇是由不同数据类型的元素所组成的集合,类似于文本编程语言中的结构体,可以将多个数据项打包成一个对象,方便进行传递和处理。簇将不同类型的数据元素归为一组,起优化前面板界面布局、消除程序框图上的混乱连线、增强程序框图可读性的作用。创建簇的方法有两种,分别是由前面板创建和由程序框图创建。

在前面板中单击"查看"→"控件选板"→"新式"→"数据容器"→"簇",在设计区放置一个簇外框,再将元素拖放到簇外框内完成簇的创建,如图 2.9 所示。"基本函数发生器参数"为一个簇,包括 4 个元素,其中"信号类型"为枚举控件,"幅值""频率""相位"均为数值控件。

与从程序框图创建数组类似,由程序框图创建的簇是簇常量,其创建过程是在程序框图中单击"查看"→"函数选板"→"编程"→"簇、类与变体"→"簇常量",在设计区放置一个簇常量外框,再将数据常量拖放到簇常量外框内完成簇常量的创建,如图 2.10 所示。簇中的数据常量分别是字符串常量、整型数值常量、双精度数值常量和布尔常量。

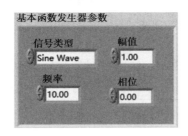

图 2.9　由前面板创建簇　　　　图 2.10　由程序框图

创建簇常量

2.1.2　常用数据类型转换

数据类型转换在 LabVIEW 编程中至关重要。它有助于确保数据的一致性、正确性和可读性，并确保程序可以正确处理不同类型的数据，以满足程序的要求和预期。因此，各种数据类型之间的转换是必须要熟练掌握的编程基础知识，常用的数据类型转换有以下几种。

（1）数值数据之间的转换

在程序框图中，单击"查看"→"函数选板"→"编程"→"数值"→"转换"，可以看到数值转换函数，利用这些函数可以将输入的数值数据转换为指定的数值数据，常用的数值数据转换函数见表 2.2。

表 2.2　数值数据转换函数

名称	图标	功能
转换为单字节整型	I8	将数值转换为有符号 8 位整数
转换为双字节整型	I16	将数值转换为有符号 16 位整数
转换为长整型	I32	将数值转换为有符号 32 位整数
转换为 64 位整型	I64	将数值转换为有符号 64 位整数
转换为无符号单字节整型	U8	将数值转换为无符号 8 位整数
转换为无符号双字节整型	U16	将数值转换为无符号 16 位整数
转换为无符号长整型	U32	将数值转换为无符号 32 位整数
转换为无符号 64 位整型	U64	将数值转换为无符号 64 位整数
转换为单精度浮点数	SGL	将数值转换为单精度浮点数
转换为双精度浮点数	DBL	将数值转换为双精度浮点数
转换为扩展精度浮点数	EXT	将数值转换为扩展精度浮点数
转换为单精度复数	CSG	将数值转换为单精度复数
转换为双精度复数	CDB	将数值转换为双精度复数

续表

名称	图标	功能
转换为扩展精度复数	**CXT**	将数值转换为扩展精度复数
转换为定点数	**FXP**	将非复数的数值转换为定点数

（2）数值与布尔数组之间的转换

在程序框图中，单击"查看"→"函数选板"→"编程"→"布尔"，可以看到数值与布尔数组转换函数，函数图标及功能见表2.3。

表2.3　数值与布尔数组转换函数

名称	图标	功能
数值至布尔数组转换	**#···**	将整数或定点数转换为布尔数组
布尔数组至数值转换	**···#**	将布尔数组转换为整数或定点数

（3）数值与字符串之间的转换

在程序框图中，单击"查看"→"函数选板"→"编程"→"字符串"→"数值/字符串转换"，可以看到LabVIEW提供了多种数值与字符串之间相互转换的函数，函数图标及功能见表2.4。

表2.4　数值与字符串转换函数

名称	图标	功能
数值至十进制字符串转换		将数值转换为十进制字符串
数值至十六进制字符串转换		将数值转换为十六进制字符串
数值至八进制字符串转换		将数值转换为八进制字符串
数值至小数字符串转换		将数值转换为小数（分数）格式的浮点型字符串
数值至指数字符串转换		将数值转换为科学计数（指数）格式的浮点型字符串
数值至工程字符串转换		将数值转换为工程格式的浮点型字符串
十进制字符串至数值转换		将十进制字符串转换为数值

续表

名称	图标	功能
十六进制字符串至数值转换	FFF	将十六进制字符串转换为数值
八进制字符串至数值转换	???	将八进制字符串转换为数值
分数/指数字符串至数值转换	n.nn	将分数/指数字符串转换为数值

2.2　数据运算函数

LabVIEW 提供了多种数据运算函数来执行算术及复杂的数学运算,比较常用的数据运算函数有算术运算函数、布尔运算函数、关系运算和比较函数、字符串函数、数组函数和簇函数。

2.2.1　算术运算函数

算术运算函数是对数值数据进行的最基本的运算,包括加、减、乘、除、商与余数、绝对值、取整、平方、开方、取倒、复合运算等函数,通过单击程序框图中的"查看"→"函数选板"→"编程"→"数值"可打开,函数图标及功能见表 2.5。

表 2.5　算术运算函数

名称	图标	功能
加	+	计算两个输入值的和
减	-	计算两个输入值的差
乘	×	计算两个输入值的积
除	÷	计算两个输入值的商
商和余数	÷R IQ	计算两个输入值的整数商和余数
加 1	+1	输入值加 1
减 1	-1	输入值减 1
数组元素相加	Σ	计算数值数组中所有元素的和

续表

名称	图标	功能
数组元素相乘		计算数值数组中所有元素的积
复合运算		对一个或多个数值、数组、簇或布尔输入执行复合运算。右键单击函数选择更改模式,在快捷菜单中选择运算(加、乘、与、或、异或)。从数值选板中选择该函数时,函数的默认模式为加
绝对值		计算输入值的绝对值
最近数取整		输入值向最近的整数取整
向下取整		输入值向最近的最小整数取整
向上取整		输入值向最近的最大整数取整
按 2 的幂缩放		输入值乘以 2 的 n 次幂
平方根		计算输入值的平方根
平方		计算输入值的平方
取相反数		计算输入值的相反数
倒数		计算输入值的倒数
符号		求输入值的符号,正数为 1,零为 0,负数为 -1

2.2.2 布尔运算函数

布尔运算又称逻辑运算,处理布尔数据的函数用于对单个布尔值或布尔数组进行逻辑操作。单击程序框图中的"查看"→"函数选板"→"编程"→"布尔",可以看到与、或、非、同或、异或等函数。常用的布尔运算函数图标及功能见表 2.6。

表 2.6　布尔运算函数

名称	图标	功能
与		计算输入量的逻辑与
或		计算输入量的逻辑或
非		计算输入量的逻辑非
异或		计算输入量的逻辑异或
同或		计算输入量的逻辑同或
与非		计算输入量的逻辑与非

续表

名称	图标	功能
或非	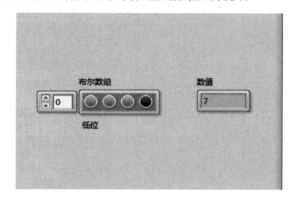	计算输入量的逻辑或非
复合运算		对一个或多个数值、数组、簇或布尔输入执行复合运算。右键单击函数选择更改模式,在快捷菜单中选择运算(加、乘、与、或、异或)。从布尔选板中选择该函数时,函数的默认模式为或

除了基本的布尔运算函数,还有上一节提到的布尔数组和数值之间的转换函数,如图 2.11 所示的示例,实现布尔数组到数值的转换。

图 2.11　布尔数组到数值转换

2.2.3　关系运算和比较函数

在 LabVIEW 中提供了一种重要的数据运算那就是比较运算,又称为关系运算。该运算可以实现数值比较、布尔值比较、字符串比较和簇的比较。单击程序框图中的"查看"→"函数选板"→"编程"→"比较",打开比较函数窗口。常用关系运算函数的图标及功能见表 2.7。

布尔数组到
数值转换

表 2.7　关系运算函数

名称	图标	功能
等于?	=	x 等于 y,返回 TRUE;否则,返回 FALSE
不等于?	≠	x 不等于 y,返回 TRUE;否则,返回 FALSE
大于?	>	x 大于 y,返回 TRUE;否则,返回 FALSE
小于?	<	x 小于 y,返回 TRUE;否则,返回 FALSE
大于等于?	≥	x 大于等于 y,返回 TRUE;否则,返回 FALSE

续表

名称	图标	功能
小于等于?	⊳	x 小于等于 y,返回 TRUE;否则,返回 FALSE
等于0?	=0	x 等于 0,返回 TRUE;否则,返回 FALSE
不等于0?	≠0	x 不等于 0,返回 TRUE;否则,返回 FALSE
大于0?	>0	x 大于 0,返回 TRUE;否则,返回 FALSE
小于0?	<0	x 小于 0,返回 TRUE;否则,返回 FALSE
大于等于0?	≥0	x 大于等于 0,返回 TRUE;否则,返回 FALSE
小于等于0?	≤0	x 小于等于 0,返回 TRUE;否则,返回 FALSE
选择	⊳	依据 s 的值,返回连线至 t 输入或 f 输入的值。s 为 TRUE 时,函数返回连线至 t 的值;s 为 FALSE 时,函数返回连线至 f 的值
最大值与最小值		比较 x 和 y 的大小,在顶部输出端中返回较大值,在底部输出端中返回较小值

①数值比较:在数值比较时,先将其转换为相同类型的数值后再进行比较。

②布尔值比较:在布尔值比较时,T 值要大于 F 值。

③字符串比较:在字符串比较时,按照字符在 ASCII 码表中的编码值进行逐个字符的比较。

④簇的比较:类似于字符串的比较,是从簇的第 0 个元素开始比较,直至有一个元素不相等为止。在簇比较时,簇的元素个数必须相同,且元素的数据类型和顺序也必须相同。

2.2.4 字符串函数

LabVIEW 提供了许多用于处理字符串的函数,这些函数可以执行字符串的拼接、分割、搜索、替换、转换等操作。字符串函数窗口可通过单击程序框图中的"查看"→"函数选板"→"编程"→"字符串"打开,常用字符串函数的图标及功能见表 2.8。

表 2.8　字符串函数

名称	图标	功能
字符串长度		返回字符串的字符长度
连接字符串		连接输入字符串和一维字符串数组作为输出字符串
截取字符串		返回输入字符串的子字符串,从偏移量位置开始,包含长度个字符

续表

名称	图标	功能
替换子字符串		插入、删除或替换子字符串,偏移量在字符串中指定
搜索替换字符串		使一个或所有子字符串替换为另一子字符串
删除空白		在字符串的起始、末尾或两端删除所有空白(空格、制表符、回车符和换行符),不删除双字节字符

2.2.5　数组函数

数组作为一种重要的数据类型,在编程中经常涉及对数组数据进行操作。LabVIEW 提供了各种数组操作函数,单击程序框图中的"查看"→"函数选板"→"编程"→"数组"即可查看,常用数组操作函数及功能见表 2.9。

表 2.9　数组函数

名称	图标	功能
数组大小		返回数组每个维度中元素的个数
索引数组		返回 n 维数组在索引位置的元素或子数组
替换数组子集		从索引中指定的位置开始替换数组中的某个元素或子数组
数组插入		在 n 维数组中索引指定的位置插入元素或子数组
删除数组元素		在 n 维数组的索引位置开始删除一个元素或指定长度的子数组。返回已删除元素的数组子集,删除的元素或数组子集在已删除的部分中显示
初始化数组		创建 n 维数组,每个元素都初始化为元素的值
创建数组		连接多个数组或向 n 维数组添加元素
数组子集		返回数组的一部分,从索引处开始,包含长度个元素
重排数组维数		依据维数大小 $0,1,\cdots,m-1$ 的值,改变数组的维数

续表

名称	图标	功能
一维数组排序		返回数组元素按照升序排列的数组
反转一维数组		反转数组中元素的顺序,数组可以是任意类型的数组
搜索一维数组		在一维数组中从开始索引处搜索元素
拆分一维数组		分离数组和索引,在第二个子数组的开始返回索引元素的两部分
抽取一维数组		使数组的元素分成若干输出数组,依次输出元素
交织一维数组		交织输入数组中的相应元素,形成输出数组

2.2.6 簇函数

簇函数是对簇数据进行处理的函数,主要包括捆绑、解除捆绑、按名称捆绑、按名称解除捆绑、创建簇数组、簇与数组之间的转换函数等,单击程序框图中的"查看"→"函数选板"→"编程"→"簇、类与变体"可以查看,常用簇函数的图标及功能见表 2.10。

表 2.10　簇函数

名称	图标	功能
按名称解除捆绑		返回指定名称的簇元素
按名称捆绑		替换一个或多个簇元素
解除捆绑		将簇分解为独立的元素
捆绑		将独立元素组合为簇
创建簇数组		将每个元素输入捆绑为簇,所有元素簇组成以簇为元素的数组
索引与捆绑簇数组		对多个数组建立索引,并创建簇数组,第 i 个元素包含每个输入数组的第 i 个元素

2.3　程序结构

在程序设计中,离不开程序结构的使用。在 LabVIEW 中,程序结构是通过各种图形化的结构函数来实现流程控制,如顺序结构、循环结构、条件结构、事件结构、公式节点及 MathScript 节点等。此外,LabVIEW 还通过反馈节点/移位寄存器、变量等来辅助程序设计。实际应用中通常是多种结构共同使用来完成设计任务。

2.3.1　顺序结构

顺序结构是程序设计中最简单的一种结构,它用于控制程序的执行顺序。这种结构类似于其他编程语言中的顺序执行代码块或语句。在 LabVIEW 中,顺序结构包括平铺式顺序结构和层叠式顺序结构。

（1）平铺式顺序结构

平铺式顺序结构的外观类似于电影胶片,包括一个或多个顺序执行的子程序框图（又称为帧）。在程序框图中单击"查看"→"函数选板"→"编程"→"结构"→"平铺式顺序结构",然后将光标移到设计区域,单击左键拖动方框到合适大小后松开即可放置好一帧,单击右键,在快捷菜单中选取"在前面添加帧"或"在后面添加帧",可以增加帧数。如图 2.12 所示为一个 3 帧的平铺式顺序结构。平铺式顺序结构的帧按照从左往右的顺序依次执行。虽然平铺式顺序结构在程序框图上依次排开,易于查看和编辑程序代码,但是其占用程序框图的空间较大,当帧数较多时,将无法在一个界面中放置程序。此时可通过将平铺式顺序结构转化为层叠式顺序结构的方式来解决。

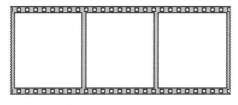

图 2.12　平铺式顺序结构

（2）层叠式顺序结构

选中已经放置好的平铺式顺序结构,单击鼠标右键,在快捷菜单中选择"替换为层叠式顺序结构"。层叠式顺序结构与条件结构十分相似,都是在同一个框图上层叠多个子程序框图,减小占用的空间。单击框图顶部的选择器标签,在下拉列表中可以看到"0""1""2"数字序号,分别对应平铺式顺序结构从左往右的 3 个帧,程序的执行按照序号由小到大逐个进行,单击对应序号可快速跳转到指定帧,如图 2.13 所示。

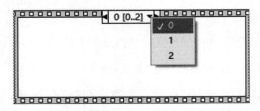

图 2.13　层叠式顺序结构

顺序结构的所有连线至帧的数据都可用时,按照从左至右的顺序执行。每帧执行完毕后,将数据传递至下一帧。

2.3.2　循环结构

循环结构用于重复执行一组代码,直到满足特定条件或达到特定次数为止。LabVIEW 中主要有 For 循环和 While 循环两种循环结构。两种循环的区别在于 For 循环必须指定循环次数,当执行完指定的次数后循环自动退出;While 循环则无须指定循环次数,满足循环退出的条件便退出相应的循环,如果无法满足循环退出的条件,则循环变为死循环。

(1)For 循环

在程序框图中,单击"查看"→"函数选板"→"编程"→"结构"→"For 循环",然后将光标移到设计区域,单击左键拖动方框到合适大小后松开即可放置好一个 For 循环。For 循环有两个接线端口,分别是左上角的总数接线端 N 和左下角的计数接线端 i,要循环执行的程序代码放置在循环框内,如图 2.14 所示。总数接线端 N 指定循环执行的次数,计数接线端 i 表示完成的循环次数,第一次循环计数为 0,若循环次数为 n 次,则 i 的最终值为 $n-1$。

图 2.14　For 循环

(2)While 循环

在程序框图中,单击"查看"→"函数选板"→"编程"→"结构"→"While 循环",然后将光标移到设计区域,单击左键拖动方框到合适大小后松开即可放置好一个 While 循环。While

循环有两个接线端口,分别是左下角的计数接线端 i 和右下角的条件接线端,要循环执行的程序代码放置在循环框内,如图 2.15 所示。计数接线端 i 提供当前的循环计数,第一次循环计数为 0。条件接线端根据布尔输入值决定是否继续执行循环,可以设置为真(T)时停止或者继续。

图 2.15　While 循环

隧道是循环结构内部和外部数据交换的通道,用于接收输入循环的数据或者输出循环执行结束后的数据。它位于循环结构的边框上连接输入或输出的地方,显示为小方格。隧道会根据连接隧道的数据类型显示为对应颜色,如图 2.16 所示。只有在数据到达隧道后循环才开始执行,循环终止后,数据才会从循环中传出。

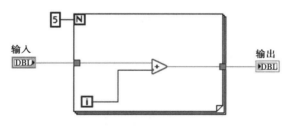

图 2.16　循环隧道

隧道输出模式
比较

选中小方格,单击鼠标右键从快捷菜单中选择"隧道模式-最终值",此时小方格为实心,不会每次循环都输出结果,而只输出循环的最终结果值。若选择"隧道模式-索引",此时小方格为空心,每次循环都输出一个结果值,最终输出为一个数组。两种隧道模式的输出结果比较如图 2.17 所示。

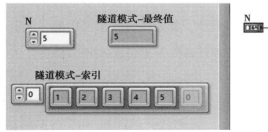

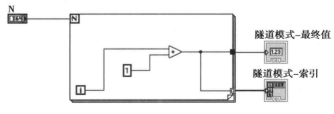

图 2.17　两种隧道模式的输出结果比较

2.3.3 条件结构

条件结构又称为选择结构(分支结构),包括一个或多个子程序框图(分支),当结构执行时,仅有一个分支执行,其功能与 C 语言中的 if、switch 语句功能相似。在程序框图中,单击"查看"→"函数选板"→"编程"→"结构"→"条件结构",然后将光标移到设计区域,单击左键拖动方框到合适大小后松开即可放置好一个条件结构,如图 2.18 所示。边框左侧的"条件选择器"根据输入数据的值,选择要执行的分支。输入数据可以是布尔、字符串、整数、枚举类型或错误簇。连线至条件选择器的数据类型决定了可输入条件选择器标签的分支。边框上方的"选择器标签"决定了下方显示哪个分支的框图。

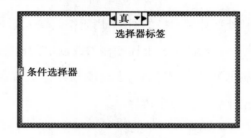

图 2.18　条件结构

2.3.4 事件结构

通过用鼠标、键盘、程序内部等触发某种程序动作,从而达到某种结果,这些操作都被称为事件,LabVIEW 中相应的这些事件最常用的结构就是事件结构。事件结构常用于响应前面板控件操作,通常与 While 循环一起使用,每次循环响应一个事件,如果没有事件发生则处于休眠状态,是一种提高 CPU 运行效率的高效编程结构。

事件结构是一种多选择结构,能同时响应多个事件,其工作原理就像具有内置等待通知函数的条件结构。事件结构包括一个或多个子程序框图或事件分支,一个分支即一个独立的事件处理程序。一个分支配置可处理一个或多个事件,但每次只能发生这些事件中的一个事件。事件结构执行时,将等待一个之前指定事件的发生,待该事件发生后即执行事件相应的条件分支。

在程序框图中,单击"查看"→"函数选板"→"编程"→"结构"→"事件结构"即可创建事件结构。事件结构由事件选择器标签、超时接线端、事件数据节点组成,如图 2.19 所示。边框上方的事件选择器标签显示当前分支所对应的事件。超时接线端指定事件结构等待事件发生的时间,以毫秒为单位,如果不连接,则表示时间永不超时。左侧的事件数据节点由若干个事件数据端组成,显示事件的类型以及时间等,增减数据端可通过拖拉事件数据节点来实现。

图 2.19　事件结构

2.3.5　公式节点及 MathScript 节点

用图形化编程来实现复杂的数学计算或算法会比较繁琐,在这种情况下,就需要借助 LabVIEW 的公式节点和 MathScript 节点来解决。

(1)公式节点

公式节点是一种方便的、基于文本的节点,可以使用 C 语言语法结构在公式节点中执行复杂的数学运算。公式节点是一种强大的工具,与 LabVIEW 的图形化编程结合使用,能充分发挥文本编程和图形化编程各自的优势,简化了程序并大幅度提高编程效率。

公式节点的外观类似于其他程序结构,在程序框图中单击"查看"→"函数选板"→"编程"→"结构"→"公式节点",然后将光标移到设计区域,单击鼠标左键拖动方框到合适大小后松开即可放置好一个公式节点。公式节点需要创建输入变量和输出变量来进行参数传递,变量数和内部的语句数没有限制。在输入变量或输出变量中不允许有重名变量,但在输入变量和输出变量间可以有同名变量出现。右键单击公式节点的边框,在快捷菜单中选择"添加输入""添加输出"给公式节点添加输入输出变量,如图 2.20 所示。

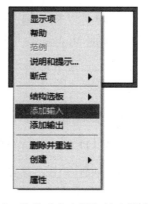

图 2.20　给公式节点添加输入输出变量

在公式节点中输入文本公式时,其语法与 C 语言类似,如每条语句用分号结束,可使用内置的多种数学函数,包括 abs、acos、acosh、asin、asinh、atan、atan2、atanh、ceil、cos、cosh、cot、csc、exp、expm1、floor、getexp、getman、int、intrz、ln、lnp1、log、log2、max、min、mod、pow、rand、rem、sec、sign、sin、sinc、sinh、sizeOfDim、sqrt、tan 和 tanh。公式节点中也支持赋值语句、if 条件语句、for 循环语句、While 循环语句、Switch 分支语句等常用的 C 语言语句。更详细的语法可单击菜单栏"帮助"→"LabVIEW 帮助",在帮助文档中搜索"公式节点语法"。

对于具有多个变量或复杂形式的方程式而言,公式节点最有效。如图 2.21 所示为公式节点示例,计算两个方程式并将结果拟合成曲线。

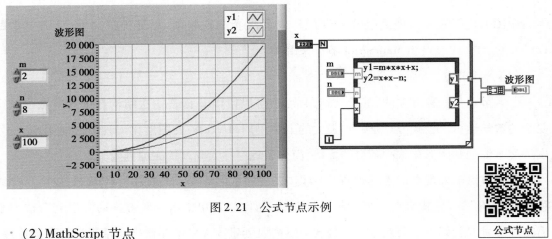

图 2.21   公式节点示例

公式节点

·(2)MathScript 节点

MathScript 节点是用于编写函数和脚本的文本编程环境,与 MATLAB 软件具有兼容性,支持 m 文件的脚本语法,从而对 m 文件的开发成果加以继承。用户可以在节点中使用 MATLAB 风格的语法和函数来进行数学运算、数据处理、信号处理和统计分析。

MathScript 节点包含了 600 多个用于数学分析和信号处理的内置函数,可处理大多数在 MATLAB 或兼容环境中创建的文本脚本。但 MathScript RT 模块引擎并不支持 MATLAB 提供的所有函数。对于这些函数,可使用公式节点或其他脚本节点。

MathScript 节点有以下两种使用方法:

第一种方法:单击菜单栏中的"工具"→"MathScript"窗口,打开 LabVIEW 的 MathScript 交互式界面,如图 2.22 所示。可以像使用 MATLAB 一样在脚本界面中输入 m 文件的脚本命令并运行,查看结果、变量和历史。也可以在命令窗口逐条输入命令以进行快速计算和脚本调试。

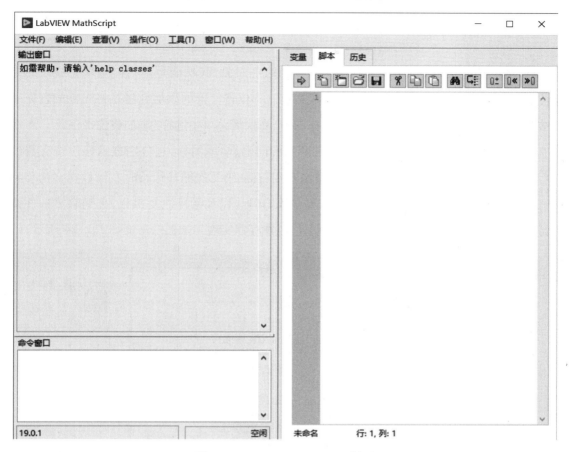

图 2.22　LabVIEW MathScript 界面

　　第二种方法：在程序框图中，单击"查看"→"函数选板"→"编程"→"结构"→"MathScript 节点"，然后将光标移到设计区域，单击左键拖动方框到合适大小后松开即可放置好节点，如图 2.23 所示。用户可以直接输入 m 文件脚本或者从文本文件中导入代码。与公式节点类似，用鼠标右键单击边框，在快捷菜单中给 MathScript 节点添加输入输出，可与 LabVIEW 图形化程序进行混合编程。

图 2.23　MathScript 节点

2.3.6 移位寄存器

移位寄存器是 LabVIEW 循环结构中的一个附加对象,其功能是把当前循环完成时的结果传递给下一个循环作为初始值,实现迭代运算。移位寄存器的添加方法是将光标放置在循环结构的左边框或右边框上,然后单击鼠标右键,在快捷菜单中选择"添加移位寄存器"。

移位寄存器表现为循环结构边框左右两侧的向上、向下图标,它分别表示移位寄存器的前后两个状态。第一次循环执行完后数据保存到右侧,第二次循环运行时右侧数据会被移到左侧作为左侧的初始数据,执行完后数据再存入右侧。以此循环往复执行,直到满足条件结束循环为止。在 For 循环和 While 循环中用移位寄存器实现累加器的功能如图 2.24 所示。

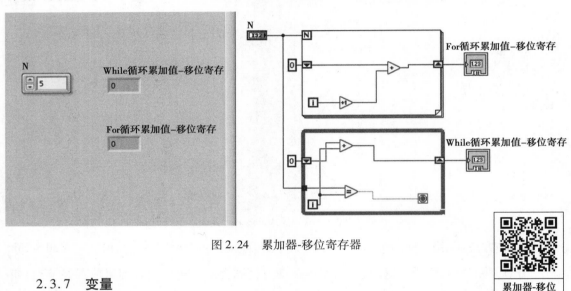

图 2.24　累加器-移位寄存器

2.3.7 变量

通常来说,LabVIEW 程序的数据传递是通过连线实现的。当程序比较复杂时,只靠连线来传递数据就显得非常困难甚至无法实现,这时就需要用到变量。变量有局部变量与全局变量两种。

局部变量是指处在同一个 VI 程序中并能够在不同位置被访问的变量,它可实现程序内的数据传递。局部变量可对前面板上的输入控件或显示控件进行数据读写。写入一个局部变量相当于将数据传递给其他接线端。

创建局部变量可以通过右键单击前面板对象或程序框图接线端,从快捷菜单中选择"创建"→"局部变量",该对象的局部变量图标将出现在程序框图上。也可以在程序框图上单击"查看"→"函数选板"→"结构"→"局部变量",将其放置到设计区域,此时局部变量节点尚未与一个输入控件或显示控件相关联,可左键单击该局部变量节点,在展开的选项中将列出所有自带标签的前面板对象,选择对应的对象即可。

事实上,通过局部变量,前面板对象既可作为输入访问也可作为输出访问。右键单击局部变量图标,在快捷菜单中选择"转换为读取"或"转换为写入"即可实现。

全局变量是指能够在多个 VI 间访问和传递数据的变量。在程序框图中单击"查看"→"函数选板"→"结构"→"全局变量",将图标放置到设计区域,双击该图标弹出一个全局变量前面板设计窗口,在窗口内按照该全局变量的数据类型添加控件,然后返回程序框图界面,右键单击全局变量图标,在快捷菜单中选择"选择项",在展开的选项中选择全局变量指向的控件即可。

尽管通过使用局部变量和全局变量可以使程序框图界面更简洁,但是过多使用会打乱 LabVIEW 以数据流为主的驱动方式,降低程序的可读性和可维护性。此外,全局变量会长期占用系统的内存资源,降低程序的执行效率。

2.4　图形显示

将复杂难懂的数据通过图形方式来表达,可以更加容易理解数据内容,更加直观地展示分析结果。LabVIEW 提供了丰富的图形显示控件,如图 2.25 所示为新式图形显示控件。在数字通信原理实验中,最常用的有波形图表、波形图、XY 图等。

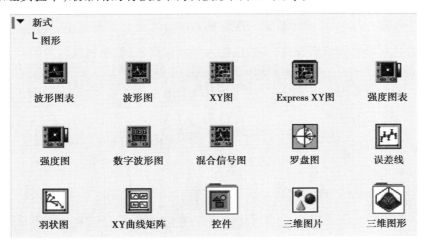

图 2.25　新式图形显示控件

2.4.1 波形图表

波形图表显示实时或持续产生的数据,可以显示波形信号随时间变化的趋势,通常用于监视和分析实时数据。正因为是实时显示波形,先前的波形会随着时间的推移被后来的波形覆盖,动态滚动显示,如图 2.26 所示。显示数据总数的多少由数据缓冲区的大小来决定。右键单击波形图表,在快捷菜单中选择"图表历史长度"可以设置缓冲区的大小,默认值为1 024。

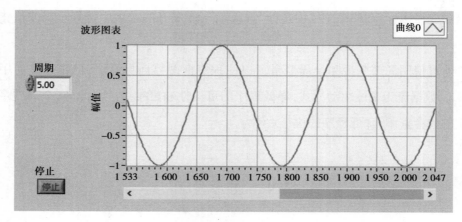

图 2.26 波形图表

2.4.2 波形图

波形图适用于显示静态的、固定数量的波形数据。与波形图表相比,波形图不是把测量结果一个一个地输入,而是以成批数据一次性刷新的方式进行静态显示,如图 2.27 所示。因此波形图不能显示单个数值型数据,其数据输入形式包括数组、簇和波形数据。

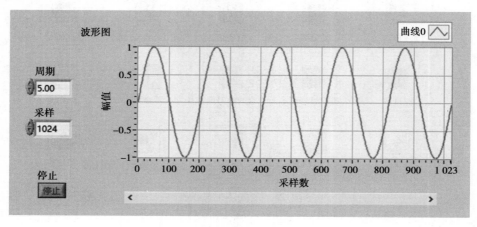

图 2.27 波形图

2.4.3　XY 图

XY 图是多用途的笛卡儿绘图对象,用于绘制多值函数,通常用于绘制 X 轴和 Y 轴之间的关系。与波形图相同,XY 图也是数据一次性刷新显示的波形,但 XY 图的输入数据是两组数据组成的簇。如图 2.28 所示,正弦函数和余弦函数各输出一组数据,两个数组捆绑后输入 XY 图,完成圆形绘制。

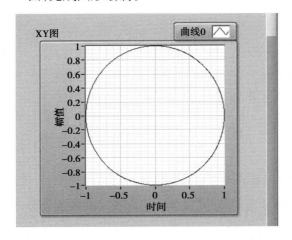
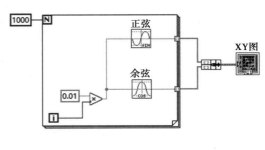

图 2.28　XY 图

第 **3** 章
LabVIEW 信号处理

在 LabVIEW 中内置了许多功能强大的信号处理函数、工具和模块,用于对各种信号进行处理、分析和解释,涵盖了波形的生成、调理和测量,信号生成、运算、加窗,滤波器,谱分析,变换等多个方面,如图 3.1 所示。信号处理子选板的内容非常丰富,本章将对子选板中的部分常用信号处理函数、工具和模块进行简单介绍,未提及的部分请根据实际需要参考 LabVIEW 帮助文档。

图 3.1　信号处理子选板

3.1　波形生成

波形数据是 LabVIEW 特有的一种数据类型,它与簇类似,是由不同数据所组成的集合。波形数据是一种表示时间序列数据的格式,通常用于表示连续信号的离散采样。波形数据包括 t0、dt、Y 这 3 种成分,如图 3.2 所示。t0 表示波形的触发时间;dt 是以秒为单位描述波形中数据点间的时间间隔；Y 是一维双精度数组，表示一个时间点对应的信号值。

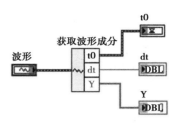

图 3.2　波形数据

　　波形生成函数所产生的信号包括时间信息，相当于在数组上加了一个时间成分，LabVIEW 提供了多种类型的波形生成函数，如图 3.3 所示。使用这些函数可以非常方便地产生各种波形，并对波形的基本参数进行灵活设置。

图 3.3　波形生成

3.1.1　基本波形生成

　　常见的波形有正弦波、方波、锯齿波、三角波等，这些波形可以通过波形生成函数中的基本函数发生器、正弦波形、方波波形、三角波形、锯齿波形、公式波形 VI 来产生。

　　基本函数发生器 VI 可以产生正弦波、三角波、方波、锯齿波这 4 种基本波形，包括多个输入输出端口，如图 3.4 所示。

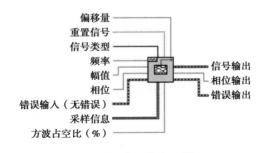

图 3.4　基本函数发生器 VI

主要输入输出端口功能如下：

①信号类型：选择生成波形的类型，包括正弦波、三角波、方波、锯齿波。

②频率:波形的频率,单位 Hz,默认值为 10。

③幅值:波形的幅值,默认值为 1.0。

④相位:波形的初始相位,以度为单位,默认值为 0。

⑤采样信息:采样参数,数据类型为簇,由每秒采样率 Fs 和波形的采样数#s 组成,默认值均为 1 000。

⑥方波占空比(90%):仅当信号类型是方波时该参数有效,表示方波在一个周期内高电平所占时间的百分比,默认值为 50。

⑦偏移量:信号的直流偏移量,默认值为 0.0。

⑧信号输出:输出生成的波形。

⑨相位输出:输出波形的相位,以度为单位。

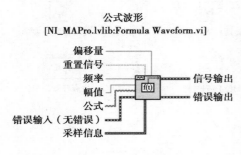

公式波形
[NI_MAPro.lvlib:Formula Waveform.vi]

图 3.5 公式波形 VI

正弦波形 VI、方波波形 VI、三角波形 VI、锯齿波形 VI 与基本函数发生器 VI 相似,它们的区别在于这 4 种 VI 只能分别产生对应名称的单种波形,其输入输出端口的详细信息请参考 LabVIEW 帮助。

公式波形 VI 是通过波形表达式来指定要生成的波形,同样有多个输入输出端口,如图 3.5 所示。波形表达式通过"公式"输入端口键入,默认表达式为 $\sin(\omega * t) * \sin(2 * pi(1) * 10)$,变量 ω 为 $2 * pi * f$,f 为"频率"输入端口的值,默认值为 100。其他端口的详细信息请参考 LabVIEW 帮助。

3.1.2 噪声波形生成

噪声作为信息传输过程中不可避免的现象,对通信系统的设计和性能有着深远的影响。在进行系统设计和仿真时,噪声必不可少,在波形生成函数中提供了多种噪声波形 VI,它们的功能见表 3.1。

表 3.1 噪声波形 VI

名称	图标	功能
均匀白噪声波形		生成均匀分布的伪随机波形
高斯白噪声波形		生成高斯分布的伪随机序列波形
周期性随机噪声波形		生成周期性随机噪声(PRN)的波形

续表

名称	图标	功能
反幂律噪声波形		生成连续噪声波形,功率谱密度在指定的频率范围内与频率成反比
Gamma 噪声波形		生成包含伪随机序列的波形,序列的值是均值为 1 的泊松过程中发生阶数次事件的等待时间
泊松噪声波形		生成值的伪随机序列,其值为在单位速率的泊松过程的均值指定的间隔中发生的离散事件的数量
二项分布的噪声波形		生成二项分布的伪随机模式,值为随机事件在重复试验中发生的次数,事件发生的概率和重复的次数已知
Bernoulli 噪声波形		生成由 1 和 0 组成的伪随机模式

3.2　信 号 生 成

　　LabVIEW 信号生成函数是生成描述特定波形的一维数组,而没有时间成分,这是它与波形生成函数的主要区别。LabVIEW 提供的信号生成函数相当广泛,不仅包括基本的正弦波、三角波、锯齿波、方波等波形信号,也包括各种高斯信号、脉冲信号和噪声信号,如图 3.6 所示。信号生成函数与波形生成函数的用法类似,此处不再赘述,可根据实际需要结合 LabVIEW 帮助的详细说明进行设置和调用。

图 3.6　信号生成

3.3 波形调理

波形调理用于对波形进行数字滤波和加窗。单击程序框图的"查看"→"函数选板"→"信号处理"→"波形调理"可查看波形调理函数,如图 3.7 所示。

图 3.7 波形调理

3.3.1 数字 FIR 滤波器 VI

数字 FIR 滤波器 VI 可以对单个波形或多个波形中的信号进行滤波。其图标和接线端如图 3.8 所示。对多个波形进行滤波时,VI 在每个输入波形上使用不同的滤波器,并为每个波形保持独立的滤波器状态。

该 VI 依据 FIR 滤波器规范和可选 FIR 滤波器规范的数组对波形进行滤波。FIR 滤波器规范和可选 FIR 滤波器规范都是由多种类型数据组成的簇,如图 3.9 所示。只有当滤波器的拓扑结构为 FIR by Specification 或 Windowed FIR 时,该 VI 才使用可选 FIR 滤波器规范。

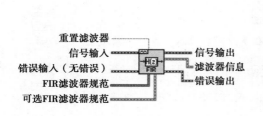

图 3.8 数字 FIR 滤波器 VI

图 3.9 FIR 滤波器规范和可选 FIR 滤波器规范

①拓扑结构:确定滤波器的设计类型,包括 Off(默认)、FIR by Specification、Equi-ripple FIR、Windowed FIR。

②类型:指定滤波器的通带,分别包括 Lowpass、Highpass、Bandpass、Bandstop。

③抽头数:FIR 滤波器的抽头数,默认值为 50。

④最低通带:两个通带频率中的较低值,默认值为 100 Hz。

⑤最高通带:两个通带频率中的较高值,默认值为 0。

⑥最低阻带:两个阻带频率中的较低值,默认值为 200 Hz。

⑦最高阻带:两个阻带频率中的较高值,默认值为 0。

⑧通带增益:通带频率的增益,默认值为−3 dB。

⑨阻带增益:阻带频率的增益,默认值为−60 dB。

⑩窗口:指定平滑窗类型。

3.3.2　连续卷积(FIR)VI

该 VI 使单个或多个波形与单个或多个具有状态的 kernel 进行卷积,并使此后的调用以连续方式处理。其图标和接线端如图 3.10 所示。如正在卷积多个波形,该 VI 可保持每个波形各自的卷积状态。

3.3.3　按窗函数缩放 VI

在时域信号和输出窗常量上使用缩放窗,用于后续分析。其图标和接线端如图 3.11 所示。对加窗时域信号进行缩放,计算加窗波形的功率或幅值时,所有窗都能提供窗精度限制之内的电平。

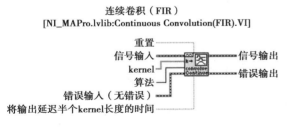

图 3.10　连续卷积(FIR)VI

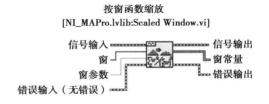

图 3.11　按窗函数缩放 VI

3.3.4　波形对齐和重采样

波形对齐是指将多个信号或波形在时间轴上对齐,方便进行比较、分析或组合。波形重采样是指更改信号的采样率,使其在时间上更密集或更稀疏。波形调理中提供了 5 种 VI 来实现这两种功能,包括波形对齐(连续)VI、波形对齐(单次)VI、波形重采样(连续)VI、波形重采样(单次)VI及对齐和重采样 VI。

3.3.5 滤波器

波形调理中的滤波器是功能更强大、使用更便捷的 Express VI,其图标如图 3.12 所示。也可单击程序框图中的"查看"→"函数选板"→"Express"→"信号分析"→"滤波器"打开该 VI。

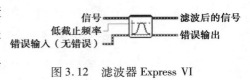

图 3.12 滤波器 Express VI

将滤波器 VI 放置到程序框图界面,会自动弹出"配置滤波器"对话框,在对话框中可以非常方便地进行滤波器的参数设置,如图 3.13 所示。

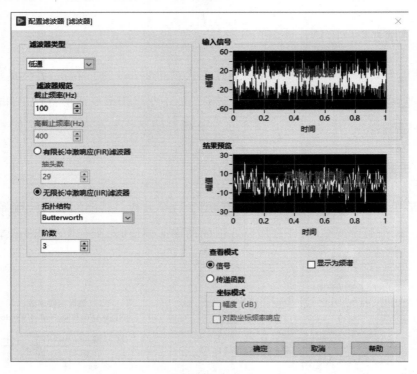

图 3.13 "配置滤波器"对话框

滤波器可以配置的参数如下:

(1)滤波器类型

低通、高通、带通、带阻和平滑,默认值为低通。

(2)滤波器规范

①截止频率(Hz):指定滤波器的截止频率。只有在滤波器类型为低通或高通时,才可使用该选项,默认值为 100。

②低截止频率(Hz):指定滤波器的低截止频率。只有在滤波器类型为带通或带阻时,才可使用该选项,默认值为 100。低截止频率必须小于高截止频率,且符合 Nyquist 准则。

③高截止频率(Hz):指定滤波器的高截止频率。只有在滤波器类型为带通或带阻时,才可使用该选项,默认值为 400。高截止频率必须大于低截止频率,且符合 Nyquist 准则。

④有限长冲激响应(FIR)滤波器:创建 FIR 滤波器,它只依赖当前和过去的输入。因为滤波器不依赖过往输出,在有限的时间内脉冲响应可衰减至零。FIR 滤波器能返回线性相位响应,可用于需要线性相位响应的应用程序。

⑤抽头数:指定 FIR 系数的总数,系数必须大于 0,默认值为 29。增加抽头数的值,会加剧带通和带阻之间的转化,但同时会降低处理速度。

⑥无限长冲激响应(IIR)滤波器:创建 IIR 滤波器,它是带脉冲响应的数字滤波器,其长度和持续时间在理论上是无穷的。

⑦拓扑结构:选择滤波器的设计类型,包括 Butterworth、Chebyshev、反 Chebyshev、椭圆、Bessel,默认值为 Butterworth。只有选择无限长冲激响应(IIR)滤波器时,才可使用该选项。

⑧阶数:指定 IIR 滤波器的阶数,阶数必须大于 0,默认值为 3。增加阶数的值,会加剧带通和带阻之间的转换,但同时会降低处理速度,增加信号开始时的失真点数。

⑨移动平均:产生前向(FIR)系数。只有在滤波器类型为平滑时,才可使用该选项。移动平均窗包括矩形和三角形两种类型。矩形移动平均窗中的所有采样在计算平滑输出采样时有相同的权重。三角形移动加权窗的峰值出现在窗中间,两边对称斜向下降。

⑩半宽移动平均:指定移动平均窗宽度的一半,以采样为单位,默认值为 1。如半宽移动平均为 M,移动平均窗的全宽为 $N=1+2M$ 个采样。因此,全宽 N 总是奇数个采样。只有在滤波器类型为平滑且选择移动平均选项时,才可使用该选项。

⑪指数:产生一阶 IIR 系数。只有在滤波器类型为平滑时,才可使用该选项。

⑫指数平均的时间常量:指数加权滤波器的时间常量(s),默认值为 0.001。只有在滤波器类型为平滑且选择指数选项时,才可使用该选项。

(3)查看模式

①信号:以实际信号的形式显示滤波器响应。

②显示为频谱:将滤波器的实际信号显示为频谱,或保留基于时间的显示方式,默认按照基于时间的方式显示滤波器响应。频率显示可用于查看滤波器如何影响信号的不同频率成分。只有选择信号时,才可使用该选项。

③传递函数:通过传递函数的形式显示滤波器响应。

（4）坐标模式

①幅度（dB）：显示滤波器的幅度响应，以 dB 为单位。

②对数坐标频率响应：在对数标尺中显示滤波器的频率响应。

3.4　波形测量

波形测量是对信号波形进行各种类型的分析和测量，以获取有关信号特征和属性信息。在 LabVIEW 中，可以执行多种波形测量操作，以获取信号的各种参数、特征和统计数据。波形测量函数用于执行常见的时域和频域测量，如直流值、均方根值、瞬态特性、单频频率/幅值/相位、谐波失真、信噪比和 FFT 测量等。单击程序框图的"查看"→"函数选板"→"信号处理"→"波形测量"可查看波形测量函数，如图 3.14 所示。

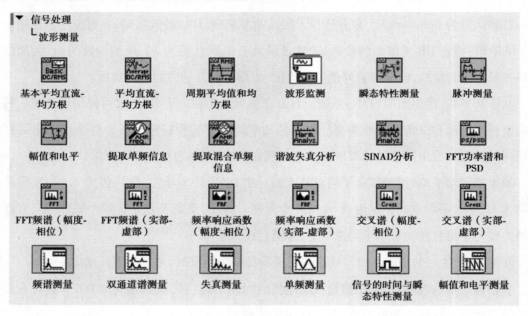

图 3.14　波形测量

3.4.1　基本平均直流-均方根 VI

均方根值用于衡量信号的有效值，对于衡量交流信号的大小和功率非常有用。基本平均直流-均方根 VI 的作用是计算输入波形或波形数组的直流值和均方根值。其图标和接线端如图 3.15 所示。

3.4.2　瞬态特性测量 VI

瞬态特性测量 VI 用于接收波形或波形数组的输入信号,测量波形的正跃迁或负跃迁的瞬态持续期(上升/下降时间)、边沿斜率、下冲和过冲。其图标和接线端如图 3.16 所示。

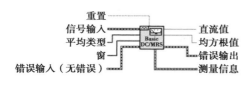

图 3.15　基本平均直流-均方根 VI

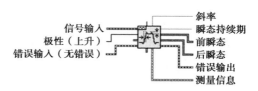

图 3.16　瞬态特性测量 VI

3.4.3　提取单频信息 VI

提取单频信息 VI 用于查找输入信号幅值最高的单频,或在指定频域内搜索,返回单频频率、幅值和相位信息。其图标和接线端如图 3.17 所示。

3.4.4　FFT 频谱(幅度-相位)VI

FFT 频谱(幅度-相位)VI 用于计算时间信号的平均 FFT 频谱,返回结果为幅度和相位。其图标和接线端如图 3.18 所示。

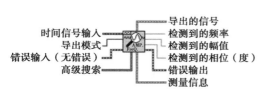

图 3.17　提取单频信息 VI

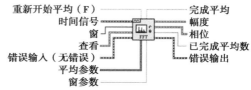

图 3.18　FFT 频谱(幅度-相位)VI

主要输入输出端口功能如下:

①重新开始平均:指定 VI 是否重新启动所选平均过程。当值为 TRUE 时,重新启动所选平均过程;值为 FALSE 时,不会重新启动所选平均过程。默认值为 FALSE。

②时间信号:输入的时域波形。

③窗:用于时间信号的时域窗,包括矩形窗、Hanning 窗(默认)、Hamming 窗、Blackman-Harris 窗、Exact Blackman 窗、Blackman 窗、Flat Top 窗、4 阶 Blackman-Harris 窗、7 阶 Blackman-Harris 窗、Low Sidelobe 窗、Blackman Nuttall 窗、三角窗、Bartlett-Hanning 窗、Bohman 窗、Parzen 窗、Welch 窗、Kaiser 窗、Dolph-Chebyshev 窗和高斯窗。

④查看:指定 VI 不同结果的返回方式。包括显示为 dB(结果是否以分贝的形式表示,默

认为 FALSE),展开相位(是否将相位展开,默认为 FALSE),转换为度(是否将输出相位结果的弧度表示转换为度表示,默认为 FALSE)。

⑤平均参数:用于定义如何进行平均值计算,参数包括平均模式、加权类型和平均次数。平均模式有 No averaging(默认)、Vector averaging、RMS averaging 和 Peak hold 这 4 个选项。加权模式用于指定 RMS averaging 或 Vector averaging 的加权模式,包括 Linear 模式和 Exponential 模式(默认)。平均数目用于指定 RMS averaging 和 Vector averaging 的平均数目。如果加权模式为 Exponential,平均过程连续;如果加权模式为 Linear,可在 VI 结束计算所选平均数目后停止平均过程。

⑥窗参数:指定 Kaiser 窗的 beta 参数、高斯窗的标准差或 Dolph-Chebyshev 窗的主瓣与旁瓣的比率 s。当窗是其他类型的窗时,VI 将忽略该输入。

⑦幅度:返回平均 FFT 谱的幅度和频率范围。

⑧相位:返回平均 FFT 谱的相位和频率范围。

⑨已完成平均数:返回该时刻 VI 完成的平均数目。

3.4.5 频谱测量

波形测量中的频谱测量 VI 属于 Express VI,其图标如图 3.19 所示。也可单击程序框图中的"查看"→"函数选板"→"Express"→"信号分析"→"频谱测量"打开该 VI。

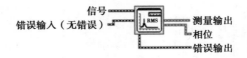

图 3.19 频谱测量 VI

将频谱测量 VI 放置到程序框图界面,会自动弹出"配置频谱测量"对话框,在对话框中可以非常方便地进行频谱测量参数设置,如图 3.20 所示。

频谱测量可以配置的参数如下:

(1)所选测量

①幅度(均方根):测量频谱,并以均方根的形式显示结果。

②幅度(峰值):测量频谱,并以峰值的形式显示结果。

③功率谱:测量频谱,并以功率的形式显示结果。该测量通常用于检测信号中的不同频率分量。虽然平均计算功率频谱不会降低系统中的非期望噪声,但是平均计算可以提供测试随机信号电平的可靠统计估计。

④功率谱密度:测量频谱,并以功率谱密度的形式显示结果。通过归一化功率谱可得到

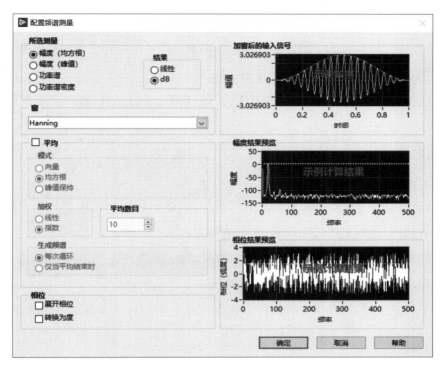

图 3.20　"配置频谱测量"对话框

功率谱密度,各功率谱区间中的功率可按照区间宽度进行归一化。通常使用该测量检测信号的本底噪声或特定频率范围内的功率。依据区间宽度归一化功率谱,可使测量独立于信号持续时间和采样数量。

⑤线性:以原单位返回结果。

⑥dB:以分贝(dB)为单位返回结果。

(2)窗:指定用于信号的窗

①无:不在信号上使用窗。

②Hanning:在信号上使用 Hanning 窗。

③Hamming:在信号上使用 Hamming 窗。

④Blackman-Harris:在信号上使用 Blackman-Harris 窗。

⑤Exact Blackman:在信号上使用 Exact Blackman 窗。

⑥Blackman:在信号上使用 Blackman 窗。

⑦Flat Top:在信号上使用 Flat Top 窗。

⑧4 阶 B-Harris:在信号上使用 4 阶 B-Harris 窗。

⑨7 阶 B-Harris:在信号上使用 7 阶 B-Harris 窗。

⑩Low Sidelobe:在信号上使用 Low Sidelobe 窗。

（3）平均：指定该 Express VI 是否计算平均值

①向量：直接计算复数 FFT 频谱的平均值。向量平均可消除同步信号中的噪声。

②均方根：平均信号 FFT 频谱的能量或功率。

③峰值保持：在每条频率线上单独求平均，使峰值电平从一个 FFT 记录保持到下一个记录。

④线性：指定线性平均，求数据包的非加权平均值，数据包的个数由用户在平均数目中指定。

⑤指数：指定指数平均，求数据包的加权平均值，数据包的个数由用户在平均数目中指定。求指数平均时，数据包的时间越新，权重值越大。

⑥平均数目：指定要计算平均值的数据包数量，默认值为 10。

⑦每次循环：Express VI 每次循环后返回频谱。

⑧仅当平均结束时：只有当 Express VI 收集到在平均数目中指定数目的数据包时，才返回频谱。

（4）相位

①展开相位：在输出相位上启用相位展开。

②转换为度：以度数为单位返回相位。

3.5 信号运算

信号的基本运算包括加法、乘法、反转、平移、尺度变换、微分、积分等。在 LabVIEW 中，信号运算函数用于信号操作并返回输出信号，单击程序框图的"查看"→"函数选板"→"信号处理"→"信号运算"可查看信号运算函数，如图 3.21 所示。信号运算函数包括卷积、相关、补零、数字反序、升/降采样、重采样、缩放等运算操作。

信号生成函数产生的是没有时间成分的描述特定波形的数组数据，信号运算函数的运算对象主要就是数组数据，其使用方法比较简单，对输入的数组数据进行相应的计算，再输出数组数据，具体 VI 的使用方法请参考 LabVIEW 帮助文档。

图 3.21　信号运算函数

3.6　Express VI

Express VI 是一种特殊的 VIs,它将一些常用的函数或者 VI 组合起来封装成功能更加强大、使用更加方便的模块。它提供了一种简化和加速编程过程的方法,通过预先设计好的界面进行简单的参数配置,用户即可快速创建特定功能的 VI,而无须编写复杂的代码。单击程序框图中的"查看"→"函数选板"→"Express"可以看到 Express VI 包括输入、信号分析、输出、信号操作、执行过程控制、算术与比较共 6 个类型,如图 3.22 所示。

除 Express 子选板可以查找到 Express VI 外,信号处理子选板中的波形生成、波形调理、波形测量、信号运算函数中都有 Express VI,使用对应的 Express VI 也可以实现其他 VI 相同的功能。例如,波形生成函数中的基本函数发生器 VI 可以生成 4 种基本波形,使用 Express VI 中的仿真信号也同样可以,且更为方便。

图 3.22　Express VI

单击程序框图中的"查看"→"函数选板"→"Express"→"输入"→"仿真信号",或者单击程序框图中的"查看"→"函数选板"→"波形生成"→"仿真信号",均可调用该 VI。将仿真信号 VI 放置到程序框图界面,会自动弹出"配置仿真信号"对话框,可以在对话框中对 VI 的参数进行设置,如图 3.23 所示。

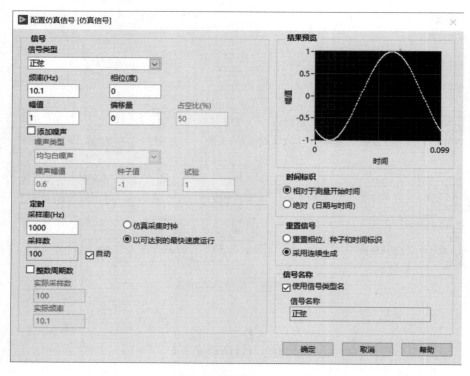

图3.23　"配置仿真信号"对话框

①信号类型:模拟的波形类别。可模拟正弦波、方波、锯齿波、三角波或噪声(直流)。

②频率(Hz):波形的频率,默认值为10.1。

③相位(度):波形的初始相位,默认值为0。

④幅值:波形的幅值,默认值为1。

⑤偏移量:信号的直流偏移量,默认值为0。

⑥占空比(%):方波在一个周期内高电平所占的百分比,默认值为50。

⑦添加噪声:指定向波形添加的噪声类型。勾选"添加噪声"复选框后,可以设置噪声参数。噪声类型有均匀白噪声、高斯白噪声、周期性随机噪声、Gamma 噪声、泊松噪声、二项分布噪声、Bernoulli 噪声、MLS 序列和逆 F 噪声。

⑧定时:包含下列选项。

• 采样率(Hz):每秒采样速率,默认值为1 000。

• 采样数:信号采样总数,默认值为100。

• 自动:设置采样数为采样率(Hz)的1/10。

• 仿真采集时钟:仿真类似于实际采样率的采样率。

• 以可达到的最快速度运行:在系统允许的条件下尽可能快的对信号进行仿真。

- 整数周期数:设置最近频率和采样数,使波形包含整数个周期。
- 实际采样数:表明选择整数周期数时,波形中的实际采样数量。
- 实际频率:表明选择整数周期数时,波形的实际频率。

下面以正弦波形为例,展示通过基本函数发生器 VI、正弦波形 VI、公式波形 VI、仿真信号 VI 生成频率为 10 Hz,幅值为 1 的正弦波形,如图 3.24 所示。

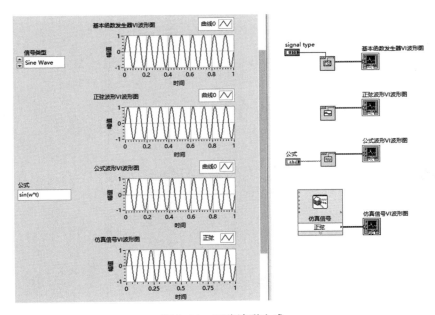

图 3.24　正弦波形生成

Express VI 通过可视化方式帮助用户构建功能强大的 VI。这些 VI 提供了对常见任务和功能的快速访问,如数据采集、滤波、图形显示、控制等。它们的主要目的是简化通用任务的实现,减少用户在创建特定功能时的工作量。

在信号处理的过程中,除仿真信号 VI 外,常用的 Express VI 还有仿真任意信号 VI、滤波器 VI、对齐与重采样 VI、幅值与电平测量 VI、频谱测量 VI、单频测量 VI、卷积和相关 VI、缩放与映射 VI 等。

虽然 Express VI 具有功能强大、使用便捷、降低编程难度等优点。但是它也有缺点:一是 Express VI 的数量有限,只覆盖了一些常用的功能,实际项目中不可能仅靠 Express VI 就能完成任务;二是 Express VI 功能复杂,即便应用程序只用到其中的一部分,Express VI 也要附带其他部分的功能,这导致使用 Express VI 的程序编译出来的运行代码比一般 VI 更臃肿,运行效率较低。因此,对于效率要求较高的程序,不适合使用 Express VI。

第二部分

数字通信原理实验

第 **4** 章
抽样定理

抽样定理是模拟信号数字化的基础理论。模拟信号数字化包括抽样、量化和编码 3 个过程。其中,抽样就是以相等的时间间隔来抽取模拟信号的样值,使时间连续信号变成时间离散信号。量化是把模拟信号的连续幅度变为有限数量的有一定间隔的离散值。而编码是用二进制数表示每个采样的量化值。

抽样定理

4.1 低通信号的抽样定理

抽样定理指出:一个频带限制在 f_H 以内的连续模拟信号 $f(t)$,如果以 $T_s \leqslant 1/2f_H$ 的周期性冲激序列 $\delta_T(t)$ 对它进行等间隔抽样,$f(t)$ 将被这些抽样值完全确定。用 $f_s(t)$ 表示此抽样信号序列,故有

$$f_s(t) = f(t)\delta_T(t) \tag{4.1}$$

式中 $\delta_T(t)$——重复周期为 T_s 的周期性单位冲激脉冲。

这里,恢复原信号的条件是

$$f_s \geqslant 2f_H \tag{4.2}$$

即抽样频率 f_s 应不小于 f_H 的 2 倍,这一最小抽样频率 $f_s = 2f_H$ 称为奈奎斯特频率,与此相应的最大抽样时间间隔 $1/2f_H$ 称为奈奎斯特间隔。若抽样频率小于奈奎斯特频率时,在接收端恢复的信号失真比较大,这是因为存在信号的混叠。

模拟信号抽样过程如图 4.1 所示。从图上可以看出，当 $f_s \geq 2f_H$ 时，用一个截止频率为 f_H 的理想低通滤波器就能够从抽样信号中分离出原信号。

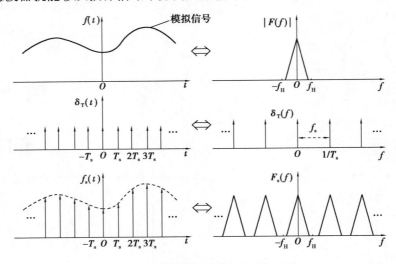

图 4.1　理想抽样过程的波形和频谱

实际应用中，理想滤波器是不能实现的。实用滤波器的截止边缘不可能做到如此陡峭。因此，实用的抽样频率 f_s 必须比 $2f_H$ 大一些。例如，普通的话音信号限带为 3.4 kHz 左右，而抽样频率则通常选 8 kHz。

4.2　实际抽样

实际抽样脉冲不可能是周期性冲激序列，只能是高度为 A，宽度为 Δt，重复频率为 $1/T_s$ 的矩形窄脉冲序列 $s(t)$。实际抽样可分为自然抽样和平顶抽样。

4.2.1　自然抽样

自然抽样又称曲顶抽样，它是指抽样后的脉冲幅度（顶部）随被抽样信号 $f(t)$ 变化，或者说保持了 $f(t)$ 的变化规律。自然抽样的波形和频谱图如图 4.2 所示。

对比图 4.1 和图 4.2 可知，自然抽样的周期性矩形脉冲 $s(t)$ 的频谱 $|S(f)|$ 的包络呈 $|\sin x/x|$ 形，而不是一条水平直线。并且自然抽样信号 $f_s(t)$ 的频谱 $|F_s(f)|$ 的包络也呈 $|\sin x/x|$ 形。如图 4.2 所示，若 $s(t)$ 的周期 $T_s \leq 1/2f_H$，或其重复频率 $f_s \geq 2f_H$，则采用一个截止频率为 f_H 的低通滤波器仍可以分离出原模拟信号。

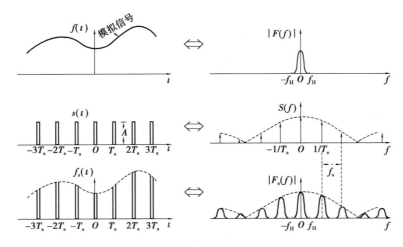

图 4.2　自然抽样过程的波形和频谱图

4.2.2　平顶抽样

平顶抽样信号原理方框图如图 4.3 所示,图中模拟信号 $f(t)$ 与非常窄的周期性脉冲(近似冲激函数)$\delta_T(t)$ 相乘,得到乘积 $f_s(t)$,然后通过一个保持电路,将抽样电压保持一定的时间。这样,保持电路的输出脉冲波形 $f_H(t)$ 保持平顶,即为平顶抽样信号,如图 4.4 所示。

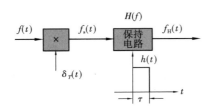

图 4.3　平顶抽样原理框图

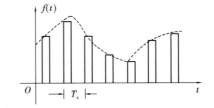

图 4.4　平顶抽样波形图

4.3　抽样定理实验

4.3.1　实验目的

学习用 LabVIEW 软件建立:

①低通抽样仿真系统,进一步理解低通抽样;

②自然抽样仿真系统,进一步理解自然抽样;

③平顶抽样仿真系统,进一步理解平顶抽样。

4.3.2 低通抽样实验内容

低通抽样定理仿真原理图如图4.5所示。发送端模拟信号与抽样脉冲相乘得到抽样信号。接收端抽样信号经低通滤波器恢复原信号。

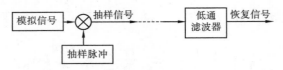

图4.5 低通抽样定理仿真原理图

具体实验步骤如下:

①新建VI。选择菜单栏中的"文件"→"新建VI"命令,新建一个VI,一个空白的VI包括前面板和程序框图。

②保存VI。选择菜单栏中的"文件"→"另存为"命令,输入VI名称为"低通抽样定理仿真实验"。

③打开程序框图,在"函数"选板上选择"编程"→"结构"→"While循环"函数,拖出适当大小的矩形框,在While循环条件接线端创建"停止输入"控件,如图4.6所示。

④设置定时循环输入/输出,周期设置为100 ms,因此每隔100 ms将出现一次输入的新值,如图4.7所示。

LabVIEW在执行While循环时,如果用户没有给它设定循环时间间隔,那么它将以CPU的极限速度运行。正常情况下,这样做比较危险,因为这样可能导致整个LabVIEW程序看上去像"死掉"了一样。

在很多情况下没有必要让While循环以最快的速度运行,所以最好给While循环加上时间间隔。其方法是在每个循环中添加一个等待时间,只有在等待完毕后才运行下一个循环。

图4.6 While循环

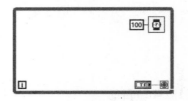

图4.7 定时循环

低通抽样定理程序框图和前面板如图4.8和图4.9所示。

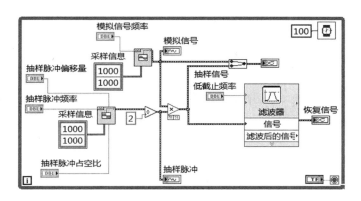

图 4.8　低通抽样定理程序框图

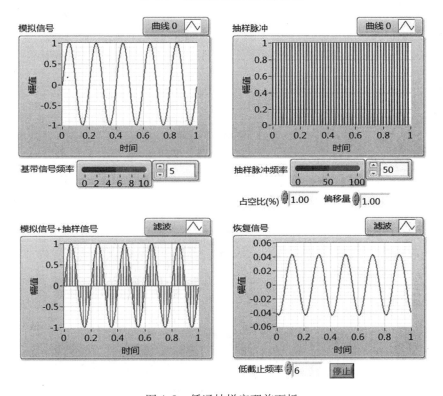

图 4.9　低通抽样定理前面板

在图 4.8 中,其关键实验模块如下:

①模拟信号:在"函数"选板上选择"信号处理"→"波形生成"→"正弦波形",如图 4.10 所示。确定频率和采样信息。采样信息包含每秒采样率和波形的采样数,默认值均为 1 000。

②抽样脉冲:在"函数"选板上选择"信号处理"→"波形生成"→"方波波形",如图 4.11 所示。确定频率、占空比、偏移量和采样信息等相关信息。注意:为了模拟理想抽样,抽样脉冲宽度必须非常窄。

③合并信号：在"函数"选板上选择"Express"→"信号操作"→"合并信号"，如图 4.12 所示。合并"模拟信号"和"抽样信号"。

④低通滤波器：在"函数"选板上选择"信号处理"→"波形调理"→"滤波器"，如图 4.13 所示。配置滤波器属性如图 4.14 所示。滤波器类型选择"低通"，根据输入模拟信号频率，设置滤波器"截止频率"。

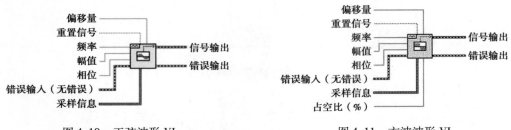

图 4.10　正弦波形 VI　　　　　　　　图 4.11　方波波形 VI

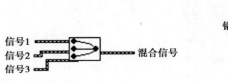

图 4.12　合并信号（函数）

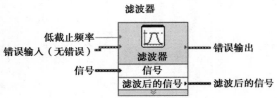

图 4.13　滤波器 VI

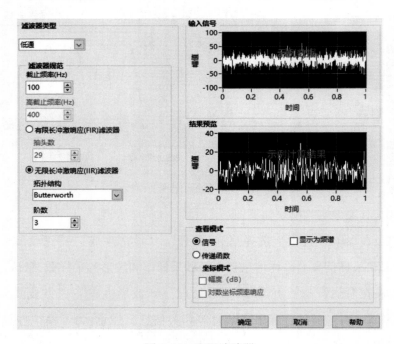

图 4.14　配置滤波器

接下来进行频谱测量。在"函数"选板上选择"信号处理"→"波形测量"→"频谱测量"，如图 4.15 所示。测量模拟信号、抽样脉冲和抽样信号的频谱。注意:图 4.15 中"频域波形"属性"X 标尺"由"时间"修改为"频率"。

频谱测量 VI 用于进行基于快速傅里叶变换(Fast Fourier Transformation，FFT)的频谱测量,如信号的平均幅度频谱、功率谱、相位谱。频谱测量 VI 放置在程序框图后,将显示"配置频谱测量"窗口,在该窗口中,可以对频谱测量 VI 的各项参数进行设置和调整,如图 4.16 所示。注意"窗"选择"有"或"无"对输出结果有影响。

图 4.15　频谱测量 VI　　　　　　　　　图 4.16　频谱测量配置

具体实验任务如下:

①观察并分析模拟信号波形、抽样脉冲波形、抽样信号波形和恢复信号波形。

②观察并分析模拟信号频谱、抽样脉冲频谱和抽样信号频谱,分析采样点数对频谱的影响,分析窗函数对频谱的影响。模拟信号频谱、抽样脉冲频谱和抽样信号频谱如图 4.17 所示。

③改变抽样脉冲频率,观察并分析混叠失真时的波形和频谱。

④改变滤波器阶数,观察并分析滤波器阶数对抽样信号恢复的影响。

⑤改变抽样脉冲宽度,完成自然抽样实验。通过观察自然抽样信号的波形和频谱,分析抽样脉冲宽度对抽样的影响。

4.3.3　平顶抽样实验内容

平顶抽样仿真原理图如图 4.18 所示。理想抽样信号与抽样保持电路进行卷积运算,得到平顶抽样信号。

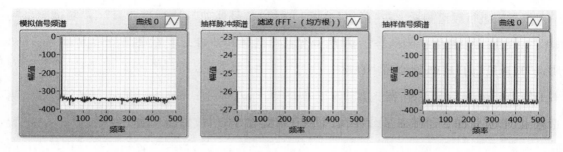

图4.17　模拟信号频谱、抽样脉冲频谱和抽样信号频谱

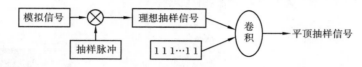

图4.18　平顶抽样仿真原理图

关键实验模块如下：

①保持电路：数组{1 1 1 … 1 1}。

②卷积：在"函数"选板上选择"信号处理"→"信号运算"→"卷积"，如图4.19所示。

图4.19中，X是第一个输入序列，Y是第二个输入序列。X * Y是X和Y的卷积。算法指定使用的卷积方法有direct和frequency domain两种，见表4.1。

图4.19　一维卷积（DBL）VI

表4.1　卷积方法

0	direct
1	frequency domain（默认）

当算法的值为direct时，VI使用线性卷积的direct方法计算卷积。算法为frequency domain时，VI使用基于FFT的方法计算卷积。若X和Y较小，direct方法通常更快。若X和Y较大，frequency domain方法通常更快。此外，两种方法在数值上存在微小的差异。

③创建波形（模拟波形）：在"函数"选板上选择"编程"→"波形"→"创建波形"，如图4.20所示。"理想抽样信号"输入"波形"端，"卷积输出信号"输入"波形成分"端，输出端波形即为"平顶抽样信号"。

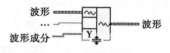

图4.20　创建波形（模拟波形）

④合并信号：在"函数"选板上选择"Express"→"信号操作"→"合并信号"。合并模拟信号和平顶抽样信号。

具体实验任务如下：

①观察基带信号波形、抽样脉冲波形、理想抽样输出信号波形和平顶抽样信号波形。平顶抽样信号波形如图4.21所示。

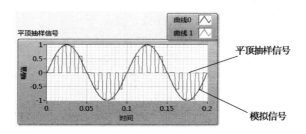

图 4.21 平顶抽样信号波形

②对比理想抽样信号、自然抽样信号和平顶抽样信号的波形和频谱。平顶抽样信号频谱如图 4.22 所示。

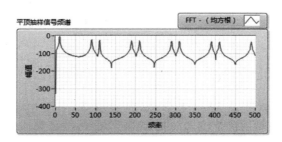

图 4.22 平顶抽样信号频谱

③改变脉冲形成电路宽度,分析脉冲形成电路宽度对平顶抽样信号的影响。

第 **5** 章

模拟信号的量化

模拟信号抽样后变成在时间上离散的抽样信号,但仍然是模拟信号。该抽样信号必须经过量化后才会成为数字信号,如图 5.1 所示。

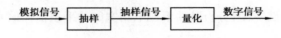

图 5.1 模拟信号的量化示意图

设模拟信号的抽样值为 $f(kT_s)$,其中 T_s 是抽样周期,k 是整数。此抽样值仍然是一个取值连续的变量,即它可以有无数个可能的连续取值。若仅用 n 个二进制数字码元来代表此抽样值的大小,则 n 个二进制码元只能代表 $M=2^n$ 个不同的抽样值。因此,必须将抽样值的范围划分成 M 个区间,每个区间用一个电平表示。这样,共有 M 个离散电平,它们称为量化电平。用这 M 个量化电平表示连续抽样值的方法称为量化。如果 M 个区间是等间隔划分的,称为均匀量化;M 个区间是不均匀划分的,称为非均匀量化。

5.1 均匀量化

假定模拟抽样信号取值范围为 $[a,b]$,量化电平数为 M,均匀量化过程如下:

图 5.2 均匀量化示意图

①均匀地划分出 M 个区间,各量化间隔(区间长度)相等,记为 Δ,如图 5.2 所示,则

$$\Delta = \frac{b-a}{M} \tag{5.1}$$

②量化区间的端点,取值为

$$m_i = a + i\Delta, \quad i = 0, 1, 2, \cdots, M \tag{5.2}$$

③M 个输出电平位于各区间中心,取值为

$$q_i = \frac{m_{i-1} + m_i}{2} = m_{i-1} + \frac{\Delta}{2}, \quad i = 1, 2, \cdots, M \tag{5.3}$$

显然,量化输出电平和量化前信号的抽样值一般不同,即量化输出电平有误差。这个误差常称为量化噪声,并用信号功率和量化噪声之比(简称"量化信噪比")衡量此误差对于信号影响的大小。对于给定的信号最大幅度,量化电平数越多,量化噪声越小,信号量噪比越高。

量化噪声是量化输出电平和量化前信号抽样值的差值

$$e_i = x_i - \hat{x}_i \tag{5.4}$$

式中　x_i——量化前信号抽样值;

　　$\hat{x}_i$——量化输出电平。

均匀量化信噪比用 SNR(dB)表示为

$$\mathrm{SNR(dB)} = 6.02n + 5.77 - 20\lg\frac{V}{\sigma_x} \tag{5.5}$$

当输入信号为正弦信号时,均匀量化信噪比为

$$\mathrm{SNR(dB)} = 6.02n + 1.76 \tag{5.6}$$

当输入信号为均匀分布信号时,均匀量化信噪比为

$$\mathrm{SNR(dB)} = 6.02n \tag{5.7}$$

上述均匀量化的主要缺点是:对于给定的量化器,量化电平数 M 和量化间隔 Δ 都是确定的,无论抽样值大小如何,量化噪声的均方根值都固定不变。因为当信号 $f(t)$ 较小时,均匀量化信噪比也小,所以均匀量化对小信号很不利。为了克服这个缺点,在实际中,通常采用非均匀量化。

5.2　均匀量化实验

5.2.1　实验目的

学习用 LabVIEW 软件建立模拟信号的均匀量化仿真系统,进一步理解均匀量化。

5.2.2 实验内容

首先通过 LabVIEW 的声音相关子 VI 读入语音信号,画出读入语音信号的波形图。然后对一段语音信号进行均匀量化:找出这段语音信号的最大值和最小值,定义量化比特数,计算量化区间,进行均匀量化,绘制均匀量化后的语音信号波形图。采用公式节点编写均匀量化。均匀量化分为向上取整和向下取整两种。向上取整:通过遍历量化区间,如果某个点的值满足该区间,则取该区间的中点进行量化;向下取整:通过遍历量化区间,如果某个点的值满足该区间,则取该区间的端点值进行量化。

模拟信号的均匀量化仿真流程图如图 5.3 所示。读取音频文件程序框图如图 5.4 所示。

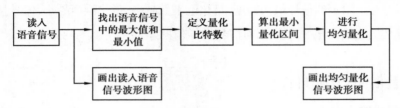

图 5.3　均匀量化流程图

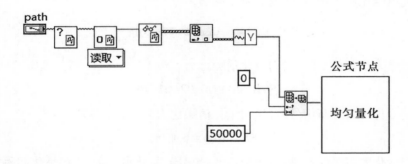

图 5.4　读取音频文件程序框图

在"函数"选板上选择"编程"→"图像与声音"→"声音"→"文件",可以找到声音相关子 VI。关键实验模块如下:

①声音文件信息 VI:获取关于 .wav 文件的数据。路径指定波形文件的绝对路径。若路径为空或无效,则 VI 将返回错误,如图 5.5 所示。

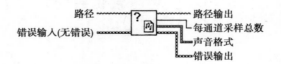

图 5.5　声音文件信息 VI

②打开声音文件 VI:打开用于读取的 .wav 文件,或创建待写入的新 .wav 文件,如图 5.6

所示。

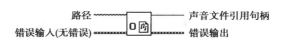

图 5.6　打开声音文件 VI

③读取声音文件 VI：使 . wav 文件的数据以波形数组的形式读出，如图 5.7 所示。

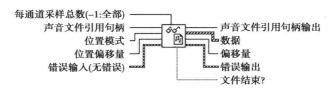

图 5.7　读取声音文件 VI

在"函数"选板上选择"编程"→"数组"，可以找到数组相关子 VI。关键实验模块如下：

①索引数组（函数）：返回 n 维数组在索引位置的元素或子数组，如图 5.8 所示。

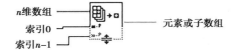

图 5.8　索引数组（函数）

②数组子集（函数）：返回数组的一部分，从索引处开始，包含长度个元素，如图 5.9 所示。

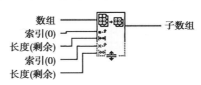

图 5.9　数组子集（函数）

③数组最大值和最小值（函数）：返回数组中的最大值、最小值及其索引，如图 5.10 所示。

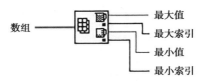

图 5.10　数组最大值与最小值（函数）

5.2.3　实验任务

均匀量化实验任务如下：

①观察输入语音信号波形、均匀量化后的语音信号波形。

②改变量化比特数，比较不同量化比特数下的均匀量化后的语音信号波形。

③如果均匀量化后的波形出现奇异点,思考奇异点产生的原因并修改代码消除奇异点。

④改变量化比特数,计算均匀量化信噪比,并与式(5.5)对比分析。式(5.5)中的方差通过标准差和方差 VI 得到。

标准差和方差 VI:在"数学"选板上选择"概率与统计"→"标准差和方差",如图 5.11 所示。计算输入序列 X 的均值、标准差和方差。

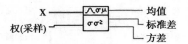

图 5.11　标准差和方差 VI

⑤改变量化比特数,根据实验输出 SNR 值和理论 SNR 值(TSNR)绘制量化信噪比的理论值和实际值对比图,程序框图如图 5.12 所示。

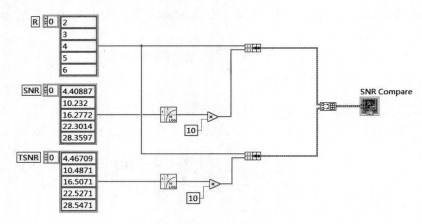

图 5.12　量化信噪比的理论值和实际值对比程序框图

其中,关键实验模块如下:

a. 捆绑(函数):使独立元素组合为簇,如图 5.13 所示。

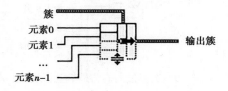

图 5.13　捆绑(函数)

b. 创建数组(函数):连接多个数组或向 N 维数组添加元素,如图 5.14 所示。最后通过 XY 图控件生成如图 5.15 所示的量化信噪比的理论值和实际值对比图。

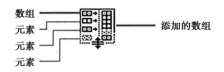

图 5.14　创建数组（函数）

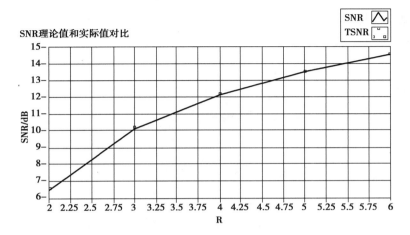

图 5.15　量化信噪比的理论值和实际值对比图

第**6**章
PCM 编译码

在现代通信系统中,以脉冲编码调制(Pulse Code Modulation,PCM)为代表的编码调制技术被广泛应用于模拟信号的数字传输中。PCM 是一种把模拟信号变换成数字信号的调制方式,其最大的特点是把连续输入的模拟信号变换成在时域和振幅上都离散的量,然后将其转化为代码形式进行传输。

PCM编译码

6.1 PCM 编码的基本原理

量化后的信号已经是取值离散的多电平数字信号。接下来是如何将这个多电平数字信号用二进制符号"0"和"1"表示。将多电平信号转换成二进制符号的过程是一种编码过程。其相反的过程称为译码。

图 6.1 给出了模拟信号数字化过程——"抽样、量化和编码"的示例。图中,模拟信号的抽样值为 2.42、4.38、5.24、2.78 和 1.81。若按照"四舍五入"的原则量化为整数值,则抽样值量化为 2、4、5、3 和 2。再按照二进制编码后,量化值就变成二进制符号:010、100、101、011和 010。

上述将模拟信号变成二进制信号的方法称为脉冲编码调制(PCM)。PCM 系统原理框图如图 6.2 所示。在发送端,对输入的模拟信号 $f(t)$ 进行抽样、量化和编码。编码后的 PCM 信号是一个二进制序列,其传输方式可以采用数字基带传输,也可以采用载波调制后的带通传输。在接收端,PCM 信号经译码后还原为量化序列,再经低通滤波器滤除高频分量,得到重建的模拟信号 $\hat{f}(t)$ 。

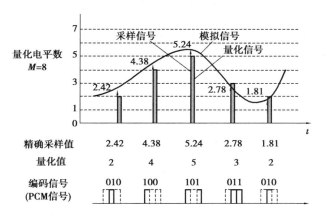

图 6.1　模拟信号的数字化过程

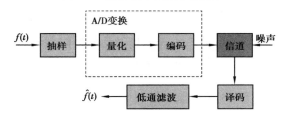

图 6.2　PCM 系统原理框图

PCM 编码采用折叠码,码组中的位数直接和量化值数目有关。量化间隔越多,量化值也越多,则码组中符号的位数也随之增多。同时,量化信噪比也越大。当然,位数增多后,会使信号的传输量和存储量增大。编码器也比较复杂。在语音通信中,通常采用非均匀量化 8 位的 PCM 编码就能够保证满意的通信质量。

在 A 律 13 折线 PCM 编码中,由于正、负各有 8 段,每段内有 16 个量化级,共计 $2 \times 8 \times 16 = 256 = 2^8$ 个量化级,因此所需编码位数 $N=8$。8 位码编码规则见表 6.1。

表 6.1　PCM 编码规则

C_1	$C_2 C_3 C_4$	$C_5 C_6 C_7 C_8$
1 位极性码	3 位段落码 (对应 8 段)	4 位段内码 (对应 16 电平)

C_1 是极性码,表示量化信号的极性,规定正极性为"1",负极性为"0"。极性码的生成非常简单,只需将量化电平与"0"进行比较即可。

$C_2 C_3 C_4$ 是段落码,它的 8 个状态分别表示 8 个不同的段落。段落码与段落之间的关系见表 6.2。

表 6.2　段落码、段内码与段落之间的关系

段落序号	段落码			各段起始电平（量化单位 Δ）	段内量化间隔（量化单位 Δ）	段内码对应权值			
	C_2	C_3	C_4			C_5	C_6	C_7	C_8
8	1	1	1	1024	64	512	256	128	64
7	1	1	0	512	32	256	128	64	32
6	1	0	1	256	16	128	64	32	16
5	1	0	0	128	8	64	32	16	8
4	0	1	1	64	4	32	16	8	4
3	0	1	0	32	2	16	8	4	2
2	0	0	1	16	1	8	4	2	1
1	0	0	0	0	1	8	4	2	1

段落码的生成过程是根据表 6.2 所示将量化电平与各段起始电平进行比较,确定量化电平处于哪一个段落,得到段落码,参考流程如图 6.3 所示。

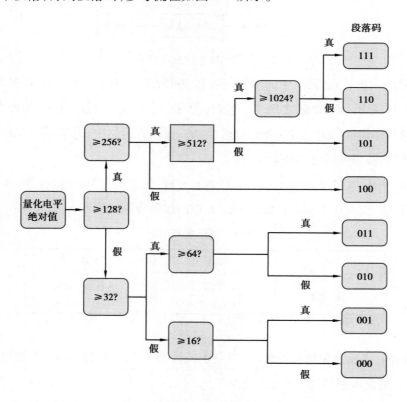

图 6.3　段落码生成参考流程图

$C_5C_6C_7C_8$ 是段内码,它的 16 个状态表示每段内均匀划分的 16 个量化级,见表 6.2。段内码的生成过程是在得到段落码的基础上,根据表 6.2 中不同段落内对应的量化间隔,计算出量化电平所处的段内量化级数,从而得到段内码。

译码是编码的逆过程。PCM 译码是把收到的 PCM 信号还原为量化后的原样值信号,即进行 D/A 变换。

6.2　PCM 编译码实验

6.2.1　实验目的

学习用 LabVIEW 软件建立 PCM 编译码系统,进一步理解脉冲编码调制。

6.2.2　实验内容

由于抽样的相关实验已在第 4 章完成,量化的相关实验已在第 5 章完成,本章主要完成 PCM 编译码实验。直接调用函数库中的"基本函数发生器 VI"(图 6.4)产生模拟信号,通过"获取波形成分(模拟波形)"(图 6.5)获取模拟波形的波形成分作为抽样值。

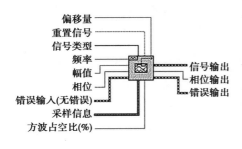

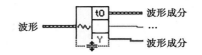

图 6.4　基本函数发生器 VI　　　　图 6.5　获取波形成分(模拟波形)函数

假设输入抽样值的归一化动态范围为[-1 ~ 1],将此动态范围划分为 4 096 个量化单位,即将 1/2 048 作为 1 个量化单位。调用公式节点将输入抽样值映射为量化电平。接下来,对量化电平进行 PCM 编码,每一个量化电平量化为 8 个比特。PCM 编码可以选择模块化设计,也可以选择公式编辑器。然后将编码信号转换成一维数组送入信道传输,接收方再对接收到的信号译码,恢复为原始量化电平的估计,逆映射为原始抽样值。

6.2.3　实验任务

PCM 编译码实验任务如下：

①观察输入模拟信号的波形，并记录模拟信号的抽样值。

②生成并记录模拟信号的量化电平值。

③设计编码模块，对量化电平值进行 PCM 编码，实现对输入模拟信号的多个量化电平值的 PCM 编码，送入信道传输。

④对编码后的信号进行译码，以恢复原始信号。PCM 编译码系统如图 6.6 所示。

⑤修改高斯白噪声的标准差，观察噪声对编译码的影响。

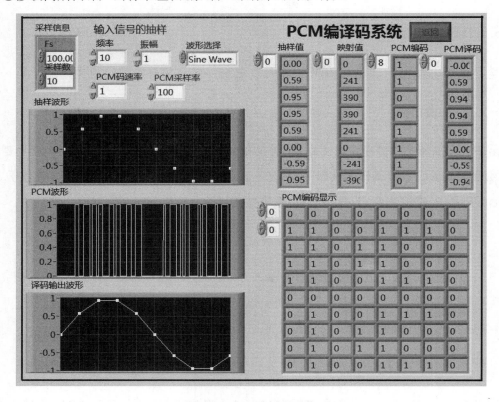

图 6.6　PCM 编译码系统

第 **7** 章

数字基带传输系统

在数字通信系统中,未经调制的数字信号所占据的频谱是从零频或很低频率开始的,称为数字基带信号。在某些具有低通特性的有线信道中,特别是在传输距离不太远的情况下,基带信号可以不经过载波调制而直接进行传输。这种不经过载波调制而直接传输数字基带信号的系统,称为数字基带传输系统。而把包含调制和解调过程的传输系统称为数字带通传输系统。

数字基带传输系统的设计实现

在实际通信系统中,数字基带传输在应用上虽不如带通传输广泛,但对于基带传输系统的研究仍是十分有意义的。如果把调制和解调过程看作广义信道的一部分,则任何带通传输系统均可通过它的等效基带传输系统的理论分析及计算机仿真来研究它的性能,因此掌握数字信号的基带传输原理是十分重要的。

7.1 数字基带传输系统

数字基带传输系统的基本组成框图如图 7.1 所示,主要由发送滤波器(脉冲成形滤波器)、信道、接收滤波器(匹配滤波器)和抽样判决器组成。为了保证系统可靠有序地工作,还应有同步系统。

设发送滤波器的传输特性为 $G_T(\omega)$,信道的传输特性为 $C(\omega)$,接收滤波器的传输特性为 $G_R(\omega)$,则基带传输系统的总传输特性为

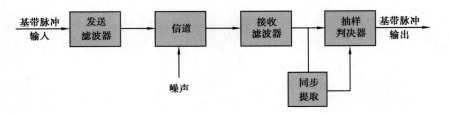

图 7.1　数字基带传输系统的基本组成框图

$$H(\omega) = G_{\mathrm{T}}(\omega)\,C(\omega)\,G_{\mathrm{R}}(\omega) \tag{7.1}$$

假设信道传输特性 $C(\omega) = 1$。于是,基带传输系统的传输特性变为

$$H(\omega) = G_{\mathrm{T}}(\omega)\,G_{\mathrm{R}}(\omega) \tag{7.2}$$

最佳基带传输系统是消除了码间干扰且差错概率最小的传输系统。为了消除码间干扰,要求式(7.2)中的 $H(\omega)$ 必须满足无码间串扰频域条件:

$$\sum_{i=1}^{k} H\left(\omega + \frac{2\pi i}{T_s}\right) = T_s \quad |\omega| \leqslant \frac{\pi}{T_s} \tag{7.3}$$

式中　k——将 $H(\omega)$ 以 $2\pi/T_s$ 分段所得的分段数;

　　　T_s——符号周期。

满足无码间串扰频域条件的 $H(\omega)$ 常用的有以下两种:

第一种为理想低通型

$$H_{\mathrm{ILP}}(\omega) = \begin{cases} T_s & |\omega| \leqslant \dfrac{\pi}{T_s} \\[3mm] 0 & |\omega| > \dfrac{\pi}{T_s} \end{cases} \tag{7.4}$$

它的冲激响应为

$$h_{\mathrm{ILP}}(t) = \frac{\sin \dfrac{\pi}{T_s}t}{\dfrac{\pi}{T_s}t} = \sin c\left(\frac{\pi t}{T_s}\right) \tag{7.5}$$

其传输特性和冲激响应如图 7.2 所示。

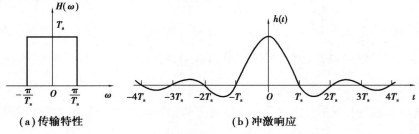

(a)传输特性　　　　　　　　　(b)冲激响应

图 7.2　理想低通传输系统特性

第二种为余弦滚降特性

$$H_{RC}(\omega) = \begin{cases} T_s & 0 \leqslant |\omega| < \dfrac{(1-\alpha)\pi}{T_s} \\[2ex] \dfrac{T_s}{2}\left[1+\sin\dfrac{T_s}{2\alpha}\left(\dfrac{\pi}{T_s}-\omega\right)\right] & \dfrac{(1-\alpha)\pi}{T_s} \leqslant |\omega| < \dfrac{(1+\alpha)\pi}{T_s} \\[2ex] 0 & |\omega| \geqslant \dfrac{(1+\alpha)\pi}{T_s} \end{cases} \tag{7.6}$$

相应的冲激响应为

$$h_{RC}(t) = \frac{\sin \pi t/T_s}{\pi t/T_s} \cdot \frac{\cos \alpha\pi t/T_s}{1-4\alpha^2 t^2/T_s^2} \tag{7.7}$$

式中 α ——滚降系数,用于描述滚降程度,可定义为

$$\alpha = \frac{f_\Delta}{f_N} \tag{7.8}$$

式中 f_N ——奈奎斯特带宽;

f_Δ ——超出奈奎斯特带宽的扩展量。

显然,$0 \leqslant \alpha \leqslant 1$。对应不同的 α 有不同的滚降特性。图 7.3 展示了滚降系数 $\alpha = 0$、0.5、0.75 和 1 时的几种滚降特性和冲激响应。当 $\alpha = 1$ 时,为升余弦滚降特性。

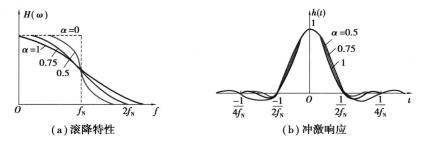

图 7.3 余弦滚降系统特性

为了获得最佳接收,即差错概率最小,在 $H(\omega)$ 满足无码间串扰频域条件下,要求

$$G_T(\omega) = G_R(\omega) = H^{\frac{1}{2}}(\omega) \tag{7.9}$$

7.2 脉冲成形与匹配滤波

脉冲成形与匹配滤波是无线电收发两端波形处理的关键模块。本节详细介绍脉冲成形和匹配滤波这两个模块的基本原理和实现方法。

7.2.1　脉冲成形

原始二进制数字基带信号波形多数是矩形波,矩形波的频谱在频域内是无穷延伸的,无法送入信道直接传输。需要将数字基带信号送入脉冲成形滤波器,转换为某种脉冲才能在物理信道上进行直接传输。采用脉冲成形滤波器有两个原因:一是控制信号的带宽,防止频谱泄露;二是减小符号间干扰,提高系统传输性能。

脉冲成形函数是脉冲成形滤波器实现的关键。在数字通信原理中,脉冲成形函数是根据奈奎斯特第一准则(无码间串扰准则)设计的。典型的脉冲成形函数是余弦滚降函数,其数学表达式见式(7.7)。显然,当 $\alpha = 0$ 时,余弦滚降函数就变成了 Sinc 函数。实际上,余弦滚降函数可以看作对 Sinc 函数的一种改进,而余弦滚降函数的优点在于:它不仅满足无码间干扰条件,还可以通过改变余弦滚降因子调节波形带宽和拖尾效应之间的矛盾。

由图 7.3 可知,余弦滚降因子增大,余弦滚降函数的拖尾衰减速度越快,符号间干扰就越小,但是其频域上的带宽却将增大。带宽增大,这就意味着需要占用更多的频谱资源。例如,当 $\alpha = 1$ 时,余弦拖尾最小,但是其占用的带宽最大。因此,如何合理地选择余弦滚降因子,是通信系统设计过程中的一个重要问题。

7.2.2　匹配滤波

在实际运用中,通常不直接使用余弦滚降函数作为脉冲成形函数,而是采用它的一种改进,即根余弦滚降函数作为脉冲成形函数,这样做是为了满足最佳接收机的设计要求,根余弦滚降函数的数学表达式为

$$h_{\mathrm{sqrt}}(t) = \frac{4\alpha}{\pi\sqrt{T}} \cdot \frac{\cos\left[(1+\alpha)\pi t/T\right] + \dfrac{\sin\left[(1-\alpha)\pi t/T\right]}{4\alpha t/T}}{1-(4\alpha t/T)^2} \tag{7.10}$$

其中, α 为根余弦滚降因子,当 $\alpha = 1$ 时, $h_{\mathrm{sqrt}}(t)$ 就是根升余弦滚降特性。 $h_{\mathrm{sqrt}}(t)$ 的时域波形和 $h_{RC}(t)$ 类似,不同的是 $h_{\mathrm{sqrt}}(t)$ 是偶函数,即 $h_{\mathrm{sqrt}}(t) = h_{\mathrm{sqrt}}(-t)$,其镜像函数就是它本身。根余弦滚降因子对 $h_{\mathrm{sqrt}}(t)$ 波形的影响与余弦滚降因子对 $h_{RC}(t)$ 的影响类似。

由 LabVIEW 帮助文档可知,如果发射机采用升余弦滚降函数作为脉冲成形函数,那么接收机匹配滤波函数为单位冲激函数,如图 7.4(a)所示。如果发射机采用根升余弦滚降函数作为脉冲成形函数,那么接收机需要采用相同的根升余弦滚降函数作为其匹配滤波函数,如图 7.4(b)所示。注意两个根升余弦滚降函数的卷积等于升余弦函数。

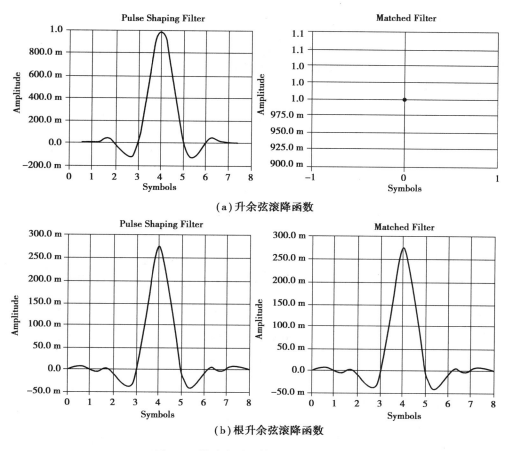

（a）升余弦滚降函数

（b）根升余弦滚降函数

图 7.4　脉冲成形函数和匹配滤波函数

7.2.3　脉冲成形与匹配滤波实验

学习用 LabVIEW 软件建立脉冲成形与匹配滤波仿真系统,观察脉冲成形滤波器与匹配滤波器的输出波形。

脉冲成形滤波器仿真系统程序框图如图 7.5 所示。关键实验模块为"MT Generate Filter Coefficients VI",在函数选板上选择"RF Communications"→"Modulation"→"Digital"→"Utilities"→"MT Generate Filter Coefficients"。

"MT Generate Filter Coefficients VI"有 4 个输入,除了调制类型无须改变,可以改变其余 3 个输入参数:

"pulse shaping filter":枚举类型,可以选择升余弦函数、根升余弦函数和高斯脉冲函数;

"filter parameter":升余弦函数和根升余弦函数的滚降因子 α;

"filter length":滤波器长度,这个参数用于指定脉冲成形滤波器的长度。

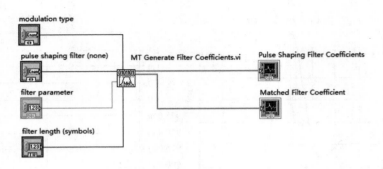

图 7.5　脉冲成形滤波器仿真系统程序框图

具体实验要求如下：

①改变"pulse shaping filter"，观察升余弦函数、根升余弦函数对应的脉冲成形滤波器和匹配滤波器输出波形。

②改变"filter parameter"，观察不同 α 值下的脉冲成形函数的变化，分析 α 值对脉冲成形函数衰减速度的影响。

③改变"filter length"，观察脉冲成形滤波器输出波形的变化，分析"filter length"值对脉冲成形函数拖尾周期的影响。

7.3　数字基带传输系统实验

7.3.1　实验目的

学习用 LabVIEW 软件建立数字基带传输仿真系统，进一步理解最佳基带传输系统。

7.3.2　实验内容

数字基带传输仿真原理图如图 7.6 所示。

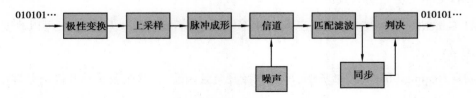

图 7.6　数字基带传输仿真原理图

基带传输码对应的基本波形通常是矩形脉冲，其频谱很宽，不利于传输。脉冲成形滤波器用于压缩输入信号频带,把经符号映射、上采样后形成的基带传输码变换成适宜于信道传输的基带信号波形,再送入信道。接收端为了获得最佳的译码性能,需要匹配滤波器、码元同步、抽样判决模块。

图 7.6 中脉冲成形滤波器和匹配滤波器是设计的重点和难点,可以通过公式节点编写或调用节 7.2 所述 LabVIEW 自带的滤波器模块实现。为了让同学们更好地理解滤波器原理和数字基带传输系统的工作过程,本节在最佳基带传输系统设计时通过公式节点编写设计脉冲成形滤波器和匹配滤波器。

考虑式(7.9)在代码编写时有一定的难度,难以获得对应于 $H^{1/2}(\omega)$ 的冲激响应。采用图 7.4(a)这一简化的形式设计最佳基带传输系统,即发射机脉冲成形函数为升余弦滚降函数,接收机匹配滤波函数为单位冲激函数。

关键实验模块如下:

①极性变换模块:将 0、1 单极性传输比特对应转换成−1、1 双极性传输比特。

②上采样模块:在"信号处理"选板上选择"信号运算"→"升采样"函数,并设置"升采样因子"参数。该模块的作用是在两个比特之间插入确定个数的 0,形成一定码元周期的基带传输码。例如,"升采样因子"=4,则码元周期为 4,在两个码元之间插入 3 个 0。

③脉冲成形模块:将一定码元周期的基带传输码与脉冲成形函数进行卷积运算,把传输码变换成适宜于信道传输的基带信号波形,再送入信道传输。其中,卷积运算通过在"信号处理"选板上选择"信号运算"→"卷积"完成。

脉冲成形函数主要包括 Sinc 函数和升余弦函数两种。Sinc 函数直接调用:在"函数"选板上选择"信号处理"→"信号生成"→"Sinc 信号",如图 7.7 所示。设置"采样"和"延迟"参数,"延迟"参数确定 Sinc 信号峰值的出现位置。升余弦函数通过公式节点编写实现。

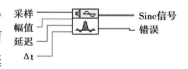

图 7.7　Sinc 信号 VI

输入二进制比特流经过关键实验模块②、模块③的变化,如图 7.8 所示。

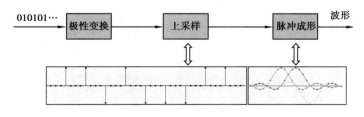

图 7.8　发送端信号变化示意图

④信道模块:添加高斯白噪声模拟信道。

⑤匹配滤波模块:简化 $G_R(\omega)=1$。

⑥抽样判决模块:接收端通过抽样判决、同步和符号映射,把波形还原成比特。在波形峰值点采样,大于 0 判 1,小于 0 判 0,恢复原始输入比特。接收端信号变化示意图如图7.9 所示。

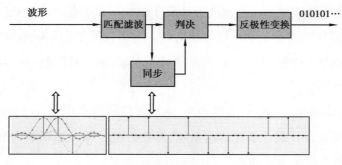

图 7.9   接收端信号变化示意图

7.3.3   实验任务

具体实验任务如下:

①观察极性变换模块的输入输出。

②观察脉冲成形函数的输出波形,脉冲成形函数包括 Sinc 函数和升余弦函数两种,对两种输出波形进行对比分析。

③设置升采样因子,观察经两种脉冲成形函数后的输出合成波形,分析合成波形与输入比特流的对应关系,并对比分析两种合成波形与两种脉冲成形函数间的关系。数字基带传输仿真设计结果图如图 7.10 所示。

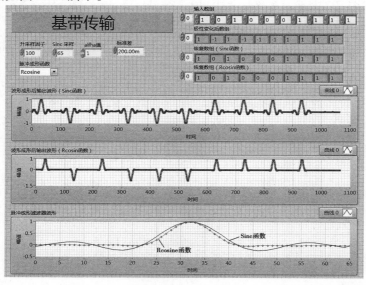

图 7.10   数字基带传输仿真设计结果图(升采样因子为100)

④改变 α 值,观察余弦滚降函数输出波形拖尾衰减的变化情况。

⑤改变升采样因子,观察升采样因子对上采样输出合成波形的影响。

⑥加入高斯白噪声模拟实际信道,改变噪声标准差,对比 Sinc 函数输出波形和升余弦函数输出波形的抗噪声性能。

⑦采用图 7.4(b)设计最佳基带传输系统,即发射机采用根升余弦滚降函数作为脉冲成形函数,接收机采用相同的根升余弦滚降函数作为其匹配滤波函数,比较图 7.4 两种设计方法的优缺点(选做)。

7.4　码间干扰实验

7.4.1　码间干扰

当 7.3 节中"升采样"函数的"升采样因子"减小时,两个相邻码元间间隔也会随之减小。当"升采样因子"减小到一定程度时,会出现相邻码元间的干扰,即码间干扰。码间干扰严重时,会影响码元的抽样判决,从而影响误码。但是,从另一个方面来看,减小相邻码元间的间隔,可以提高码元的传输效率,也就是提高系统的传输性能。由此可见,传输性能和传输效率对相邻码元间间隔的要求是相互矛盾的,那么,如何设置相邻码元间间隔的最优取值,是本节讨论的问题。

为了解决这个问题,先修改图 7.10(b)中的升采样因子,观察实验结果:

①设置升采样因子为 100,那么相邻码元间间隔为 100,这时不会产生相邻码元间干扰;

②设置升采样因子为 70,那么相邻码元间间隔为 70,比特传输效率提高了,这时仍然可以在最大值时刻正确的抽样判决,不会产生相邻码元间干扰;

③继续减小相邻码元间间隔,当波形成形滤波器输出的合成基带波形已经看不出明显的峰值周期时,相邻码元间会发生严重的码元间干扰。

进一步从理论上讨论这个问题。理论课程告诉我们,只要基带传输系统的冲激响应波形 $h(t)$ 仅在本码元的抽样时刻上有最大值,并在其他码元的抽样时刻上均为 0,则可消除码间干扰。也就是说,若对 $h(t)$ 在时刻 $t=kT_s$ 抽样,则有

$$h(kT_s)=\begin{cases}1 & k=0 \\ 0 & k \text{ 为其他整数}\end{cases} \tag{7.11}$$

式(7.11)称为无码间串扰的时域条件。也就是说,若 $h(t)$ 的抽样值除了在 $t=0$ 时不为零,在其他所有抽样点上均为零,就不存在码间干扰。

当满足无码间串扰频域条件的 $H(\omega)$ 为理想低通型时,其冲激响应如图 7.11 所示。由图 7.11 可知,$h(t)$ 在 $t=\pm kT_s(k\neq 0)$ 时有周期性零点,当发送序列的时间间隔为 T_s 时,正好巧妙地利用了这些零点,只要接收端在 $t=kT_s$ 时间点上抽样,就能实现无码间干扰。当然,这种方式需要精确的时间同步,也就是说在接收端,对波形采样时刻要求严格。对接收机同步模块提出了较高的要求。

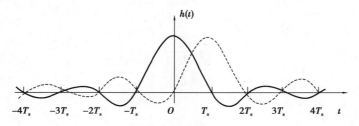

图 7.11　理想低通传输系统冲激响应

7.4.2　码间干扰实验

学习用 LabVIEW 软件无码间干扰系统,进一步理解无码间干扰条件。

无码间干扰系统仿真原理图如图 7.6 所示。在图 7.6 的基础上建立无码间干扰仿真系统。绘制如图 7.12 所示的脉冲成形滤波器输出波形叠加图。

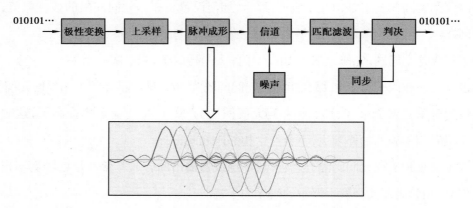

图 7.12　脉冲成形滤波器输出波形叠加图

具体实验任务如下:

①改变"升采样因子"取值,观察 Sinc 函数输出波形叠加图,如图 7.13(a)所示。分析"升采样因子"最佳取值和 Sinc 函数第一过零点的关系。这里的最佳是指既能消除抽样时刻的码间干扰,又能保证传输效率最高。

②改变脉冲成形函数为 Rcosine 函数($\alpha=1$)，观察脉冲成形滤波器输出波形叠加图，如图 7.13(b)所示。对比分析脉冲成形函数对脉冲成形滤波器输出波形叠加图的影响。

③改变余弦滚降因子 α 的值，观察脉冲成形滤波器输出波形叠加图，分析变化趋势，对比分析 α 值对脉冲成形滤波器输出波形叠加图的影响。

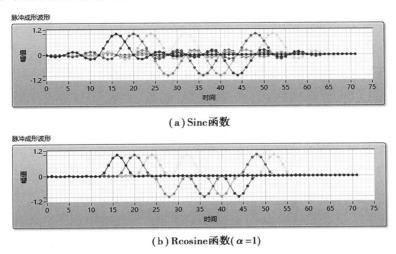

（a）Sinc函数

（b）Rcosine函数($\alpha=1$)

图 7.13　脉冲成形滤波器输出叠加前波形图

7.5　眼图实验

7.5.1　眼图

在实际系统中，完全消除码间干扰是十分困难的，而码间干扰对误码率的影响目前尚无法找到数学上便于处理的统计规律，还不能进行准确计算。因此，在实际应用中需要用简便的实验手段来定性评价系统的性能，这就是眼图分析法。

所谓眼图，是指通过示波器观察接收端的基带信号波形，从而估计和调整系统性能的一种方法。具体做法是：用一个示波器跨接在抽样判决器的输入端，然后调整示波器水平扫描周期，使其与接收码元的周期同步。此时可以从示波器显示的图形上，观察码间干扰和信道噪声等因素影响的情况，从而估计系统性能的优劣程度。因为在传输二进制信号波形时，示波器显示的图形很像人的眼睛，故名"眼图"。

眼图可以定性反映码间串扰的大小和噪声的大小，还可以用来指示调整接收滤波器，以减小码间串扰，改善系统性能。同时，通过眼图还可以获得有关传输系统性能的许多信息。

为了说明眼图和系统性能之间的关系,把眼图简化为一个模型,如图 7.14 所示。由该图可以获得以下信息:

①最佳抽样时刻是"眼睛"张开的最大时刻。

②定时误差灵敏度是指眼图斜边的斜率。斜率越大,对定时误差越敏感。

③图的阴影区的垂直高度表示抽样时刻上信号受噪声干扰的畸变程度。

④图中的横轴位置对应于判决门限电平。

⑤抽样时刻时,上、下两阴影区的间隔距离的一半是最小噪声容限,若噪声瞬时值超过它就可能发生错判。

⑥图中倾斜阴影带与横轴相交的区间表示了接收波形零点位置的变化范围,即过零点畸变,它对于利用信号零交点的平均位置来提取定时信息的接收系统有很大影响。

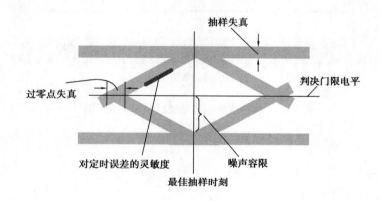

图 7.14　眼图的模型

7.5.2　眼图实验

眼图仿真原理图与图 7.12 相同。当"升采样因子"取最佳值时,选择 3 个码元的时间长度为眼图观察周期,如图 7.15 所示。编写程序观察 3 个码元的不同组合及对应脉冲成形滤波器输出叠加波形,如图 7.16 所示。

编写程序可以观察图 7.12 中脉冲成形滤波器输出信号的眼图,如图 7.17 所示。

具体实验任务如下:

①比较 Sinc 函数和余弦滚降函数对眼图的影响。

②改变余弦滚降因子 α 的值,观察眼图的变化。

③改变噪声大小,观察眼图的变化。

④分析眼图与数字基带传输系统的性能之间的关系。

图 7.15　眼图观察周期

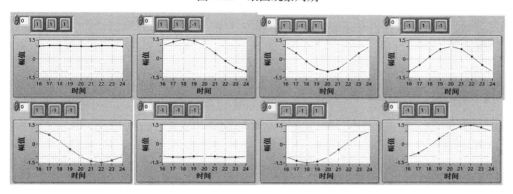

图 7.16　3 个码元的不同组合及对应叠加波形

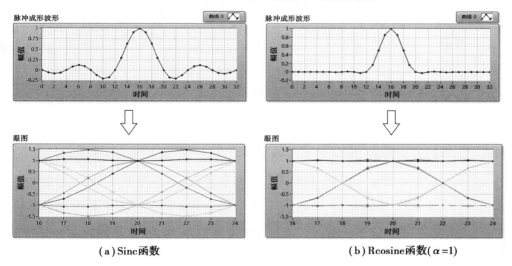

（a）Sinc 函数

（b）Rcosine 函数（$\alpha=1$）

图 7.17　眼图

第 **8** 章

传统数字调制

数字信号的传输方式分为基带传输和带通传输。实际中的大多数信道因具有带通特性而不能直接传送低频分量丰富的基带信号。为了使数字信号在带通信道中传输,必须用数字基带信号对载波进行调制,以使信号与信道的特性相匹配。这种用数字基带信号控制载波,把数字基带信号变换为数字带通信号的过程称为数字调制。在接收端通过解调器把带通信号还原成数字基带信号的过程称为数字解调。通常把包括调制和解调过程的数字传输系统叫作数字带通传输系统。

传统数字调制

用数字基带信号对载波的振幅、频率和相位进行键控,可获得振幅键控(Amplitude Shift Keying,ASK)、频移键控(Frequency Shift Keying,FSK)和相移键控(Phase Shift Keying,PSK)3种基本的数字调制方式。数字信息有二进制和多进制之分,因此,数字调制又可分为二进制调制和多进制调制。在二进制调制中,信号参量只有两种可能的取值;而在多进制调制中,信号参量可能有 $M(M>2)$ 种取值。本章通过 LabVIEW 提供的仿真环境研究数字带通传输系统,对数字带通传输中的某些问题加以仿真、分析,进一步加深学生对这些抽象概念的理解和认识。

8.1 二进制振幅键控(2ASK)

振幅键控是利用载波的幅度变化来传递数字信息,而其频率和初始相位保持不变。在

2ASK 中,载波的幅度只有两种变化状态,分别对应二进制信息"0"或"1",其表达式为

$$e_{2ASK}(t) = \begin{cases} A \cos \omega_c t & \text{以概率 } p \text{ 发送"1"时} \\ 0 & \text{以概率 } 1-p \text{ 发送"0"时} \end{cases} \tag{8.1}$$

式中　A——载波幅度;

　　　ω_c——载波频率;

典型波形如图 8.1 所示。

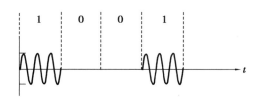

图 8.1　2ASK 信号时间波形

若二进制序列的功率谱密度为 $P_s(f)$,2ASK 信号的功率谱密度为 $P_{2ASK}(f)$,则有

$$P_{2ASK}(f) = \frac{1}{4}[P_s(f+f_c) + P_s(f-f_c)] \tag{8.2}$$

由此可知,2ASK 信号的频谱宽度是二进制基带信号的两倍。图 8.2 中给出 2ASK 信号的功率谱密度示意图,从理论上说,这种信号的频谱宽度为无穷大。

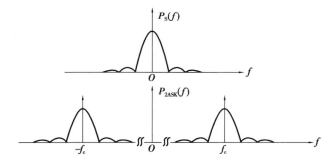

图 8.2　2ASK 信号的功率谱密度示意图

8.1.1　2ASK 调制与解调

2ASK 信号的产生方法有两种:模拟调制法(相乘器法)和键控法,相应的调制器如图 8.3 所示。图 8.3(a)就是一般的模拟幅度调制方法,用乘法器实现;图 8.3(b)是一种数字键控方法,其中的开关电路受 $s(t)$ 控制。

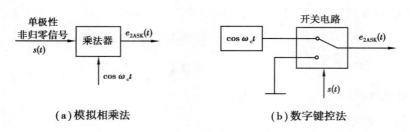

（a）模拟相乘法　　　　　　　　　（b）数字键控法

图8.3　2ASK 信号调制器原理框图

2ASK 信号有两种基本的解调方法：非相干解调（包络检波法）及相干解调（同步检测法）。对应的接收系统组成方框图如图8.4（a）和（b）所示。与模拟信号的接收系统相比，这里增加了"抽样判决器"方框，这对于提高数字信号的接收性能是十分必要的。

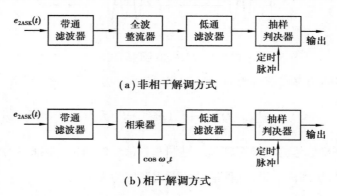

（a）非相干解调方式

（b）相干解调方式

图8.4　2ASK 信号的接收系统组成方框图

2ASK 是数字调制方式中出现最早也是最简单的一种方式。这种方式最初用于电报系统，但由于它的抗噪声能力较差，故在数字通信中用得不多。不过，2ASK 常常作为研究其他数字调制的基础，还是有必要了解它。

8.1.2　2ASK 实验

1）2ASK 调制模块

根据图8.3（a）创建 2ASK 调制模块，利用一个二进制数字基带信号与正弦波信号相乘得到 2ASK 信号。该模块是整个 2ASK 调制解调系统的基础，整个系统的各部分参数设置都在此模块进行。主要完成二进制序列的输入，根据输入序列得到输入码元波形、调制后的 2ASK 信号波形和 2ASK 信号频谱。关键实验内容如下：

①二进制数字基带信号：将输入的二进制序列转换为二进制单极性码元波形输出，即二进制序列数值"1"转换为正电平脉冲输出，二进制序列数值"0"转换为零电平脉冲输出，一个码元周期内的采样点数＝采样率/码速率。输出的基带信号波形如图8.5 所示。

②载波信号:在"函数"选板上选择"信号处理"→"信号生成"→"正弦波",如图 8.6 所示。设置采样数、幅值、频率和相位输入。其中,频率是归一化频率,归一化频率＝载波频率/采样率。

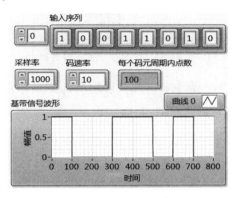

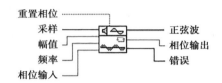

图 8.5　基带信号波形　　　　　图 8.6　正弦波 VI

2)信号加噪模块

2ASK 传输技术受到噪声的影响很大,噪声影响信号的振幅从而有可能改变原有信号。在信道中加入高斯白噪声可以模拟实际 2ASK 的通信情况。用高斯白噪声 VI 仿真高斯白噪声,在"函数"选板上选择"信号处理"→"信号生成"→"高斯白噪声",如图 8.7 所示。设置采样数和标准差。其中,采样数为 2ASK 调制信号数组长度,通过数组大小函数获得。标准差通过数组输入控件控制,将高斯白噪声信号与 2ASK 信号相加后得到含噪 2ASK 信号。

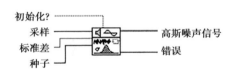

图 8.7　高斯白噪声 VI

3)2ASK 解调模块

根据图 8.4 创建 2ASK 相干解调和非相干解调程序框图,其关键实验内容如下。

①滤波器:为了恢复基带信号,低通滤波器的截止频率应大于等于基带信号带宽。基带信号归一化带宽 B＝码速率/采样率,此数值即为低通滤波器截止频率。考虑到滤波器过渡带的问题,取滤波器低截止频率＝(0.5+码速率)/采样率。

在"函数"选板上选择"信号处理"→"滤波器"→"Butterworth 滤波器",如图 8.8 所示。滤波器类型指定滤波器的通带,有 0,1,2,3 共 4 种类型,默认为低通滤波器,如图 8.9 所示。滤波器阶数默认值为 2。

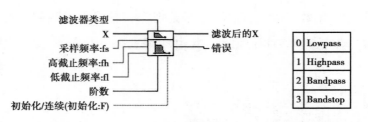

图 8.8　Butterworth 滤波器 VI　　　　　图 8.9　滤波器类型

②抽样判决:信号的抽样判决过程通过一个 For 循环来实现。运用局部变量和索引数组判断滤波器输出结果的第 i 个波形幅值是否超过判决门限值,若高于判决门限值,则判断该值为"1",反之为"0",最终得到解调后的二进制序列。判决门限值不一定为 0.5,具体取值根据滤波器输出波形设置。

8.1.3　实验任务

具体实验任务如下:

①根据图 8.3 所示调幅法建立 2ASK 调制系统。观察基带信号和 2ASK 信号波形及对应的频谱。基带信号和 2ASK 信号的波形以及对应的频谱如图 8.10 所示。

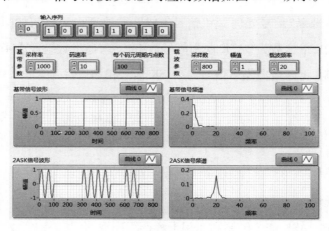

图 8.10　基带信号和 2ASK 信号的波形以及对应的频谱

②根据图 8.4(a)所示建立 2ASK 非相干解调系统。观察非相干解调滤波后波形以及抽样判决后恢复的二进制序列。

③根据图 8.4(b)所示建立 2ASK 相干解调系统。观察相干解调滤波后波形以及抽样判决后恢复的二进制序列。

④改变高斯噪声标准差,分析 2ASK 相干解调系统和非相干解调系统的抗噪声性能,比较非相干解调法和相干解调法的优缺点。

8.2　二进制频移键控(2FSK)

频移键控是利用载波的频率变化来传递数字信息。在 2FSK 中,载波的频率随二进制基带信号在 f_1 和 f_2 两个频率点间变化。故其表达式为

$$e_{2FSK}(t) = \begin{cases} A\cos(\omega_1 t + \varphi_n) & 发送"1"时 \\ A\cos(\omega_2 t + \theta_n) & 发送"0"时 \end{cases} \tag{8.3}$$

2FSK 信号的典型波形如图 8.11 所示。

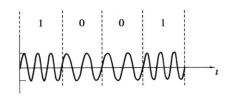

图 8.11　2FSK 信号的典型波形

由图 8.11 可知,一个 2FSK 信号可以看作两个不同载频的 2ASK 信号的叠加。因此,2FSK 信号的时域表达式又可写成

$$e_{2FSK}(t) = s_1(t)\cos(\omega_1 t + \varphi_n) + s_2(t)\cos(\omega_2 t + \theta_n) \tag{8.4}$$

其中,$s_1(t)$ 和 $s_2(t)$ 均为单极性脉冲序列,且当 $s_1(t)$ 为正电平脉冲时,$s_2(t)$ 为零电平,反之亦然;φ_n 和 θ_n 分别是第 n 个信号码元(1 或 0)的初始相位。在频移键控中,φ_n 和 θ_n 不携带信息,通常可令 φ_n 和 θ_n 均为零。因此,2FSK 信号的表达式可简化为

$$e_{2FSK}(t) = s_1(t)\cos\omega_1 t + s_2(t)\cos\omega_2 t \tag{8.5}$$

8.2.1　2FSK 调制与解调

2FSK 信号的产生方法主要有两种:一种可以通过模拟调频电路来实现;另一种可以采用键控法来实现,即在二进制基带矩形脉冲序列的控制下通过开关电路对两个不同的独立频率源进行选通,使其在一个码元期间输出 f_1 或 f_2 两个载波之一,如图 8.12 所示。这两种方法产生 2FSK 信号的差异在于:由调频法产生的 2FSK 信号在相邻码元之间的相位是连续变化的;而键控法产生的 2FSK 信号,是由电子开关在两个独立的频率源之间转换形成的,故相邻码元之间的相位不一定连续。

相位不连续的 2FSK 信号可以看作两个不同载频的 2ASK 信号的叠加,因此它的频带宽

度是两倍基带信号带宽(B)与$|f_2-f_1|$之和,即

$$\Delta F = 2B + |f_2-f_1| \qquad (8.6)$$

其功率谱示意图如图8.13所示。

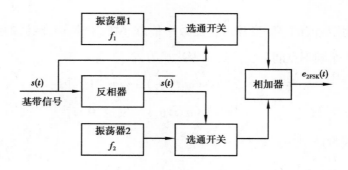

图8.12　键控法产生2FSK信号的原理图

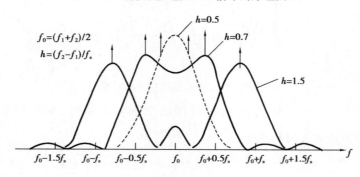

图8.13　2FSK信号的功率谱

2FSK信号的常用解调方法有相干和非相干两种,原理与2ASK解调相同,只是使用了两套电路而已,如图8.14所示。这里的抽样判决器可判定哪一个输入样值更大,此时可以不专门设置门限电平。

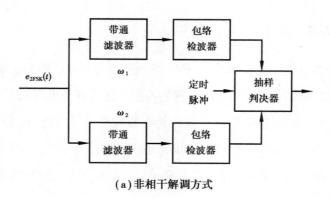

(a)非相干解调方式

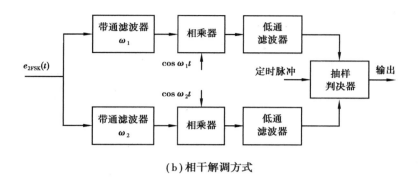

（b）相干解调方式

图 8.14　2FSK 键控信号的解调原理方框图

8.2.2　2FSK 实验

根据图 8.12 创建 2FSK 调制程序框图。根据图 8.14 创建 2FSK 相干解调和非相干解调程序框图。关键实验内容如下：

①二进制数字基带信号：将输入的二进制序列数值转换为二进制单极性码元波形输出，即二进制序列数值"1"转换为正电平脉冲输出，二进制序列数值"0"转换为零电平输出。一个码元周期内的采样点数由采样率和码速率决定。

②反相二进制数字基带信号：将输入的二进制序列数值转换为反相二进制单极性码元波形输出，即二进制序列数值"1"转换为零电平输出，二进制序列数值"0"转换为正电平脉冲输出。

③抽样判决：上下两路直接比较判决，无须设置门限值。

具体实验任务如下：

①根据图 8.12 所示的键控法建立 2FSK 调制系统。观察基带信号和 2FSK 信号的波形以及分别对应的频谱。基带信号和 2FSK 信号的波形以及对应的频谱如图 8.15 所示。

②根据图 8.14（a）所示建立 2FSK 非相干解调系统。观察上、下两路相干解调滤波后的波形以及抽样比较判决后恢复的二进制序列。注意 2FSK 非相干解调是把 2FSK 信号分成上、下两路 2ASK 信号分别进行解调的，因此，上、下支路中的带通滤波器的通带宽度应等于2ASK 信号的带宽，而不是 2FSK 信号的带宽。

③根据图 8.14（b）所示建立 2FSK 相干解调系统。观察上、下两路相干解调滤波后的波形以及抽样比较判决后恢复的二进制序列。

④改变 f_1 和 f_2 的频率，观察 2FSK 信号的功率谱。分析 f_1 和 f_2 的频率差对 2FSK 解调的影响。

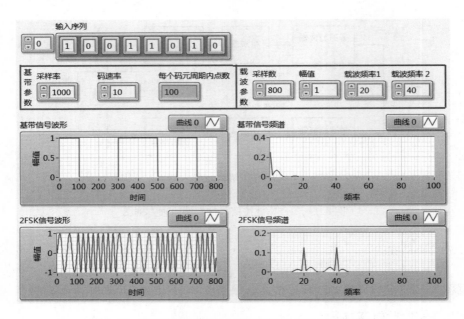

图 8.15 基带信号和 2FSK 信号的波形以及对应的频谱

⑤改变滤波器阶数,分析滤波器阶数对滤波性能的影响。

⑥改变噪声标准差,分析 2FSK 相干解调系统和非相干解调系统的抗噪声性能,比较相干解调法和非相干解调法的优缺点。

8.3 二进制相移键控(2PSK)

相移键控是利用载波的相位变化来传递数字信号,而振幅和频率保持不变。在 2PSK 中,通常用初始相位"0"和"π"分别表示二进制"0"和"1"。因此,2PSK 信号的时域表达式为

$$e_{2PSK}(t) = A\cos(\omega_c t + \varphi_n) \tag{8.7}$$

其中,φ_n 表示第 n 个符号的绝对相位:

$$\varphi_n = \begin{cases} 0 & \text{发送"0"时} \\ \pi & \text{发送"1"时} \end{cases} \tag{8.8}$$

因此,式(8.8)可以改写成

$$e_{2PSK}(t) = \begin{cases} A\cos\omega_c t & \text{概率为 } p \\ -A\cos\omega_c t & \text{概率为 } 1-p \end{cases} \tag{8.9}$$

2PSK 信号的典型波形如图 8.16 所示。这种用载波的不同相位直接去表示相应二进制数字信号的调制方式,称为二进制绝对相移方式。

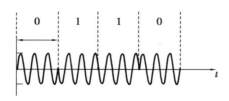

图 8.16 2PSK 信号的典型波形

把 2PSK 信号与 2ASK 信号对比可知,2PSK 信号是双极性非归零码的双边带调制,而 2ASK 信号则是单极性非归零码的双边带调制。前者调制信号没有直流分量,因而是抑制载波的双边带调制。由此可见,2PSK 信号的功率谱与 2ASK 信号相同,只是少了一个离散的载频分量。

8.3.1 2PSK 调制与解调

2PSK 调制器可以用相乘器或键控法实现,如图 8.17 所示。

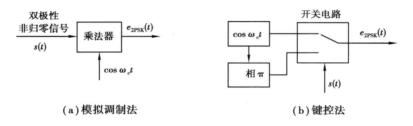

（a）模拟调制法   **（b）键控法**

图 8.17 2PSK 调制器

2PSK 信号是恒包络信号,因此,2PSK 信号的解调必须采用相干解调。2PSK 相干解调器如图 8.18 所示。

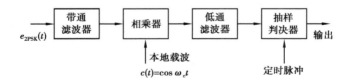

图 8.18 2PSK 相干解调器

绝对相移方式存在一个缺点。由于在 2PSK 信号的载波恢复过程中存在 180° 的相位模糊,即恢复的本地载波与所需的相干载波可能同相,也可能反相,这种相位关系的不确定性将会造成解调出的数字基带信号与发送的数字基带信号正好相反,即"1"变为"0","0"变为"1",判决器输出的数字信号全部出错。这种现象称为 2PSK 方式的"倒 π"现象。这就是 2PSK 方式在实际中很少采用的主要原因。为了解决上述问题,可以采用二进制差分相移键控(2DPSK)方式。

8.3.2　2PSK 试验

根据图 8.17 创建 2PSK 调制程序框图,并根据图 8.18 创建 2PSK 相干解调程序框图。关键实验内容如下:

①双极性二进制序列:将输入的二进制序列数值转换为二进制双极性码元波形输出。

②抽样判决:设置判决门限值=0,设计抽样判决。

具体实验任务如下:

①根据图 8.17(a)所示模拟调制法建立 2PSK 调制系统,观察基带信号和 2PSK 信号的波形及对应的频谱,与 2ASK 信号的波形和频谱进行对比分析。基带信号和 2PSK 信号的波形以及对应的频谱如图 8.19 所示。

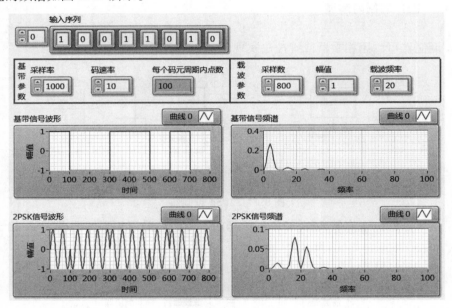

图 8.19　基带信号和 2PSK 信号的波形以及对应的频谱

②根据图 8.18 建立 2PSK 相干解调系统,观察相干解调滤波后波形以及抽样判决后恢复的二进制序列。

③加入高斯白噪声,分析 2PSK 相干解调系统的抗噪声性能。

④结合 8.1 节,比较 2ASK 系统和 2PSK 系统的相干解调抗噪声性能。

8.4　二进制差分相移键控（2DPSK）

2DPSK 是利用前后相邻码元的载波相对相位变化传递数字信息,故又称相对相移键控。假设 $\Delta\varphi$ 为当前码元与前一码元的载波相位差,可定义一种数字信息与 $\Delta\varphi$ 之间的关系为

$$\Delta\varphi = \begin{cases} 0 & \text{发送"0"时} \\ \pi & \text{发送"1"时} \end{cases} \tag{8.10}$$

于是可以将一组二进制数字信息与其对应的 2DPSK 信号的载波相位关系示例如下:

二进制数字信息:　　1　1　0　1　0　0　1　1　0

2DPSK 信号相位:(0)　π　0　0　π　π　π　0　π　π

　　　　或　　　(π)　0　π　π　0　0　0　π　0　0

相应的 2DPSK 信号的典型波形如图 8.20 所示。

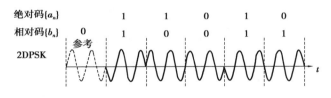

图 8.20　2DPSK 信号调制过程波形图

8.4.1　2DPSK 信号的调制与解调

实现 2DPSK 的最常用方法是:首先对二进制数字基带信号进行差分编码,即把表示数字信息序列的绝对码变换成相对码(差分码),然后再根据相对码进行绝对调相,从而产生 2DPSK 信号。2DPSK 信号模拟调制器的方框图如图 8.21 所示。

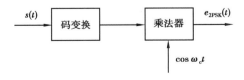

图 8.21　2DPSK 调制

这里差分码的编码规则为

$$b_n = a_n \oplus b_{n-1} \tag{8.11}$$

其逆过程称为差分译码(码反变换),即

$$a_n = b_n \oplus b_{n-1} \tag{8.12}$$

式中　a_n——绝对码;

　　　b_n——相对码;

　　　$\oplus$——模 2 加;

　　　b_{n-1}——b_n 的前一码元,最初的 b_{n-1} 可任意设定。

2DPSK 信号的解调方式之一是相干解调加码反变换法。其解调原理:对 2DPSK 信号进行相干解调,恢复出相对码,再经码反变换器变换为绝对码,从而恢复出发送的二进制数字信息。在解调过程中,由于载波相位模糊性的影响,解调出的相对码也可能是"0""1"倒置,但经差分译码(码反变换器)得到的绝对码不会发生任何倒置现象,从而克服了载波相位模糊度的问题。2DPSK 信号的相干解调器如图 8.22 所示。

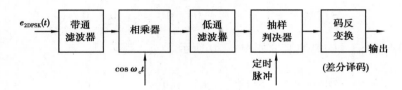

图 8.22　2DPSK 相干解调器原理框图

2DPSK 信号的另一种解调方法是差分相干解调,其方框图如图 8.23 所示。用这种方法解调时不需要恢复本地载波,只需 2DPSK 信号延时一个码元间隔 T_s,然后与 2DPSK 信号相乘。相乘结果反映了前后码元的相对相位关系,经低通滤波器后可直接抽样判决恢复出原始数字信息,而不需要差分译码。只有 2DPSK 信号才能采用这种方法解调,因为它的相位变化基准是前一个码元的载波相位,而不是未调的载波相位。

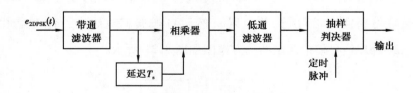

图 8.23　2DPSK 差分相干解调器原理框图

8.4.2　2DPSK 实验

根据图 8.21 创建 2DPSK 调制程序框图。根据图 8.22 创建 2DPSK 相干解调程序框图。关键实验内容如下:

①差分编码:将"产生序列"子 VI 输出的二进制绝对码序列转化为相对码序列。

②差分译码:将抽样判决恢复的相对码转化为绝对码。

实验任务如下:

①根据图 8.21 所示建立 2DPSK 调制系统,观察输入绝对码序列和输出相对码序列,观察基带信号和 2DPSK 信号的波形以及对应的频谱。实验结果如图 8.24 所示。

②根据图 8.22 建立 2DPSK 相干解调系统,观察相干解调滤波后波形以及抽样判决后恢复的二进制序列。

③加入高斯白噪声,分析 2DPSK 相干解调系统的抗噪声性能。

④改变恢复载波相位,观察 2DPSK 如何克服载波相位模糊度问题。

⑤根据图 8.23 建立 2DPSK 差分相干解调系统,观察差分相干解调滤波后波形以及抽样判决后恢复的二进制序列,比较 2DPSK 相干解调系统和差分相干解调系统的抗噪声性能。

⑥结合 8.2 节,比较 2PSK 和 2DPSK 的相干解调抗噪声性能。

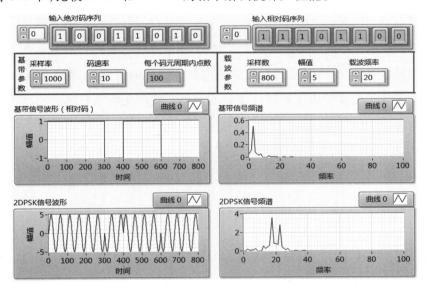

图 8.24　基带信号和 2DPSK 信号的波形以及对应的频谱

第**9**章

软件无线电

软件无线电是利用现代化软件来操纵、控制传统的"纯硬件电路"的无线通信技术。软件无线电技术的重要价值在于:传统的硬件无线电通信设备只是作为无线通信的基本平台,而许多通信功能则是由软件实现的,打破了有史以来设备的通信功能的实现仅仅依赖于硬件发展的格局。软件无线电技术的出现是通信领域内固定通信到移动通信、模拟通信到数字通信之后的第三次革命。

软件无线电

9.1 软件无线电结构

软件无线电主要由 3 部分组成:射频前端(含天线)、高速模数/数模转换器(ADC/DAC)及数字信号处理器(DSP),如图 9.1 所示。射频前端在发射时主要完成上变频、滤波、功率放大等任务。接收时实现滤波、放大、下变频等功能。ADC/DAC 主要是实现信号的模数、数模的互相转换。数字信号处理器主要完成基带信号处理等。本节分别介绍软件无线电接收机和发射机的体系结构。

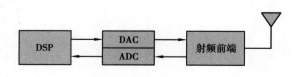

图 9.1 软件无线电的三大组成部分

9.1.1　软件无线电接收机结构

按照射频信号和基带信号之间是否经过中频将软件无线电接收机分为低中频接收机结构、超外差接收机结构和零中频接收机结构。

1)低中频接收机结构

低中频接收机结构的最大特点是中频数字化,即在中频进行模数/数模转换。一种典型的低中频接收机结构如图9.2所示,其中,模数转换、I/Q解调和低通滤波均在数字信号处理器上完成,与传统的超外差结构相比,中频数字化能够有效解决由于模拟器件带来的不稳定性问题。

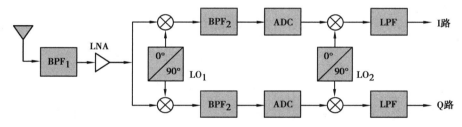

图9.2　低中频接收机结构

ADC移向天线端是软件无线电技术最显著的特征。如图9.2所示,在低中频接收机结构中,ADC处在I/Q解调前,整个接收通道的信号处理流程如下:

①带通滤波器(Band Pass Filter,BPF)BPF_1将天线接收到的射频信号进行第1次信道选择,以防止信道外干扰。注意:带通滤波器会引起信号功率损耗。

②为了补偿BPF_1带来的损耗,紧接着采用低噪声放大器(Low Noise Amiplifier,LNA)对信号进行低噪声放大处理,这样处理可以提高接收机的灵敏度和动态范围。

③本地振荡器(Local Oscillator,LO)产生一个比接收信号频率更高的高频正弦波信号。

④混频器将射频信号下变频到中频。带通滤波器BPF_2进一步选择中频信号。

⑤模数转换器(ADC)是整个接收通道的关键器件,该器件对中频信号进行采样,量化处理,输出数字信号。

⑥数字正交下变频器将数字中频信号变成数字基带信号,由于数字器件的稳定性很高,这种方式能有效解决I/Q不均衡等问题。

低中频结构之所以被软件无线电采用,主要是因为它能够较好地利用数字信号处理技术解决传统的超外差结构和零中频结构中广泛存在的I/Q不均衡、镜像抑制、直流漂移等问题。当然,低中频结构也存在一些缺点。例如,这种结构对ADC的要求较高,除了要求ADC需要较高的采样率、足够的分辨率和抗噪声性能,还要求 ADC 具有较好的线性度和较大的动态范围。

2)超外差接收机结构

超外差接收机结构的外差过程是将天线接收的信号与本地振荡器产生的信号一起输入混频器得到中频信号,如图 9.3 所示。超外差结构和低中频结构十分相似,其区别在于 ADC 在接收机中所处的位置。

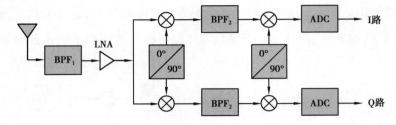

图 9.3　超外差接收机结构

在超外差结构中,ADC 对 I/Q 解调后的基带信号进行采样。由于 I/Q 解调器是模拟器件,容易受到温度、老化和环境等因素的影响,模拟振荡器产生的信号可能不是完全正交,造成 I/Q 不均衡问题。

3)零中频接收机结构

高频信号和基带信号之间直接转化,而不经过中频的结构,叫作零中频接收机结构,如图 9.4 所示。射频信号依次通过带通滤波器和低噪声放大器后,通过混频器与本振混合得到基带信号和高频分量,再通过低通滤波器滤除高频分量得到模拟基带信号。最后通过 ADC 转化为数字基带信号。

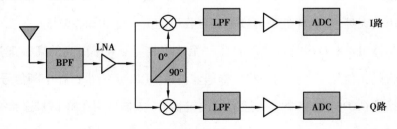

图 9.4　零中频接收机结构

零中频接收机结构的优点是结构相对简单,没有中频,不需要中频相关的电路。缺点也十分突出,由于信号从射频直接下变频到基带,滤波器需要较大的动态范围、较低的噪声和良好的线性度。此外,零中频结构还存在本振泄露、直流漂移、I/Q 不平衡等问题。

9.1.2　软件无线电发射机结构

软件无线电发射机的主要功能是把需发送或传输的用户信息(语音、数据或图像)经基带处理(完成诸如 FM、AM、FSK、PSK、MSK、QAM 等调制)和上变频,调制到规定的载频上,再通过功率放大后送至天线,把电信号转换为空间传播的无线电信号,发向空中送到接收方的接收机前端,由其进行接收解调。因此,软件无线电发射机的结构如图 9.5 所示。

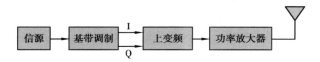

图 9.5　软件无线电发射机的结构

众所周知,任何一个无线电信号均可表示为

$$s(t) = A(t)\cos[\omega_c t + \varphi(t)] \tag{9.1}$$

其中,$A(t)$、$\varphi(t)$分别表示该信号的幅度调制信息和相位调制信息,ω_c 为信号载频(中心频率),而频率调制信息也反映在相位调制信息中,即

$$f(t) = \frac{\mathrm{d}\varphi(t)}{\mathrm{d}t} \tag{9.2}$$

将式(9.1)中无线电信号运用三角函数公式进一步展开

$$A(t)\cos[\omega_c t + \varphi(t)] = A(t)\cos(\omega_c t)\cos\varphi(t) - A(t)\sin(\omega_c t)\sin\varphi(t) \tag{9.3}$$

令

$$\begin{cases} I(t) = A(t)\cos\varphi(t) \\ Q(t) = A(t)\sin\varphi(t) \end{cases} \tag{9.4}$$

则

$$s(t) = I(t)\cos(\omega_c t) - Q(t)\sin(\omega_c t) \tag{9.5}$$

可以看出,给定任何一种调制方式,就可计算出与之对应的两个正交分量 $I(t)$、$Q(t)$。然后 $I(t)$、$Q(t)$分别与两个正交本振 $\cos\omega_c t$、$\sin\omega_c t$ 相乘并求和,即可得到调制信号 $s(t)$,如图 9.6 所示。这种数据分为两路,分别进行载波调制的调制方式也称为 I/Q 调制,I 是 in-phase(同相),Q 是 quadrature(正交)。I/Q 调制由于频谱效率较高,因而在数字通信中得到广泛应用。

输入 I/Q 调制器的 I/Q 信号经常用复数形式表示为$(I+jQ)$,因此 I/Q 信号通常被称为"复数符号",简称为"符号"。

$(I+jQ)$对应 I/Q 坐标系中的一个点。I/Q 坐标系如图 9.7 所示,横轴为实部,纵轴为虚部。数字 I/Q 调制完成了数字信号到 I/Q 坐标系的映射,映射点一般称为符号点,具有实部和虚部。I/Q 坐标系中所有符号点的组合即为星座图。

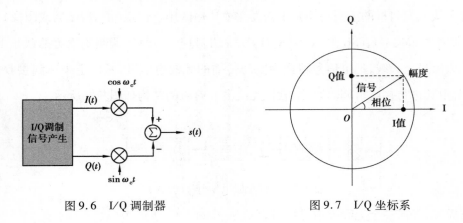

图 9.6　I/Q 调制器　　　　　　　　　图 9.7　I/Q 坐标系

9.2　复基带等效定理

当使用复数表达时,式(9.1)的带通信号可以表示为

$$s(t) = \mathrm{Re}\{A(t)e^{j\varphi(t)}e^{j\omega_c t}\} = \mathrm{Re}\{s_\mathrm{L}(t)e^{j\omega_c t}\} \tag{9.6}$$

其中,$s_\mathrm{L}(t)$ 表示复基带信号,将其展开后可分为实部和虚部的两路正交基带信号。

$$s_\mathrm{L}(t) = A(t)e^{j\varphi(t)} = A(t)\cos\varphi(t) + jA(t)\sin\varphi(t)$$

令

$$\begin{cases} I(t) = A(t)\cos\varphi(t) \\ Q(t) = A(t)\sin\varphi(t) \end{cases} \tag{9.7}$$

则

$$s_\mathrm{L}(t) = I(t) + jQ(t) \tag{9.8}$$

将式(9.8)代入式(9.6)可得

$$s(t) = \mathrm{Re}\{(I(t)+jQ(t))e^{j\omega_c t}\} = I(t) \cdot \cos\omega_c t - Q(t) \cdot \sin\omega_c t \tag{9.9}$$

从式(9.8)和式(9.9)中可知,可以将带通信号等效为一个复基带信号进行处理。这一定理被称为复基带等效定理。该定理的提出给通信信号处理带来了巨大的改变。

在接收端,当天线接收到信号 $s(t)$ 后,为了分离出两路正交的 I/Q 信号,需要在接收端生成一个和发送端同频同相的载波信号 $\cos\omega_c t$ 和 $\sin\omega_c t$,将它们分别与接收信号相乘,得到:

$$s(t) \cdot \cos \omega_c t = \frac{I(t)}{2} + \frac{I(t)}{2} \cdot \cos 2\omega_c t - \frac{Q(t)}{2} \cdot \sin 2\omega_c t \tag{9.10}$$

$$s(t) \cdot \sin \omega_c t = -\frac{Q(t)}{2} + \frac{Q(t)}{2} \cdot \cos 2\omega_c t + \frac{I(t)}{2} \cdot \sin 2\omega_c t \tag{9.11}$$

再经低通滤波,即可得到数字带通信号 $s(t)$ 的复基带等效信号 $s_L(t)$。

上述过程是从数学的角度去理解复基带等效定理,实际上从频谱的角度去理解复基带等效定理或许更为直观。对于实的带通信号而言,其正频率部分的频谱与负频率部分的频谱是共轭对称的。从信息处理的角度而言,仅是单独的正频率部分的频谱或负频率部分的频谱就已经包含了整个信号的信息。复基带等效定理的本质是通过消除带通信号正频率部分或负频率部分冗余的信息,并将剩下部分的频谱搬移到基带进行处理。由于最后得到的基带信号的频谱正负频率部分一般不再保持共轭对称的特性,故为一个复数信号。

9.3 高性能软件无线电 USRP

USRP 是通用软件无线电外设(Universal Software Radio Peripheral)的简称,这种外设连接到普通计算机后,就能变成高性能的软件无线电实验平台,通常应用在高校的教学科研项目中。

9.3.1 USRP 简介

USRP 最早由美国 Ettus Research 公司设计并制造,后来被美国国家仪器公司(National Instruments,NI)收购,目前看到的更多是 NI USRP。

NI USRP 是一个通用的软件无线电教学平台,通过普通的 USB 或以太网线连接 PC,结合 LabVIEW 软件即可实现自定义的编码解码、调制解调、上下变频、脉冲成型等功能,适用于通信原理、数字通信等一系列信息专业的课程实验,同时也可以基于 USRP 开展一定的学生创新项目和研究工作。NI USRP 以相对较低的成本为通信专业的师生提供了一个灵活的软件无线电学习与验证平台,通过从仿真向真实射频信号的过渡,既能提高学生的学习兴趣,又能使学生对专业知识的概念领会得更加深刻。

美国国家仪器公司根据频率覆盖,提供了多种型号的 NI USRP,如常用的 NI USRP 2020、NI USRP 2021 等。NI USRP 2020 的频率范围为 50 MHz ~ 2.2 GHz,NI USRP 2021 的频率范围为 2.4 ~ 2.5 GHz 和 4.9 ~ 5.9 GHz。

9.3.2 USRP 前面板

USRP 实物图如图 9.8 所示,其前面板各端口的功能如下。

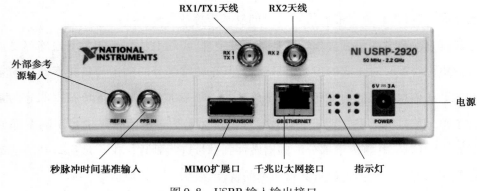

图 9.8 USRP 输入输出接口

①6 V 3 A 电源端口。USRP 没有电源开关,在 6 V 3 A 电源端口插上电源线后,USRP 即可开始工作。

②RX1/TX1,RX2 天线端口。RX1/TX1 是射频(RF)信号的输入输出端口,通过 SMA 接口连接天线,具有 RF 信号的发送和接收功能。RX2 是 RF 信号的输入端口,通过 SMA 接口连接天线,只具有 RF 信号的接收功能。

③千兆以太网接口。用网线连接 USRP 的千兆以太网口和计算机网口,实现计算机和USRP 之间的数据传输。

④MIMO 扩展口。通过该接口可以实现两台 USRP-292X 系列互联。

⑤REF IN 外部参考源输入接口。REF 信号一般为 10 MHz 的正弦信号,通过将其输入锁相环,得到需要的载波频率。同时也可通过该信号给内部 FPGA 寄存器计数,从而实现计时。

⑥PPS IN 秒脉冲时间基准输入接口。PPS 信号为秒脉冲信号,每隔一秒时间它将会给出一个脉冲,设备内部通过上升沿来得到整秒时间。该秒脉冲的时间精度很高,能达到 ns 级别。当所有设备都接收到该脉冲时,设备内部便设置一个统一的开始时间,然后使用相同的REF 信号进行计时,此时便实现了多台设备的同步。

⑦指示灯。显示 USRP 设备当前的运行状态,具体含义见表9.1。

表 9.1　USRP 前面板指示灯状态说明

LED	含义	LED	含义
LED A	灯亮表示正在发射	LED D	灯亮表示已装载固件程序
LED B	灯亮表示已连接 MIMO 线缆	LED E	灯亮表示时钟参考锁定
LED C	灯亮表示正在接收	LED F	灯亮表示已装载 CPLD 程序

9.3.3　USRP 内部结构

以常用的 NI USRP 为例,其硬件结构如图 9.9 所示。

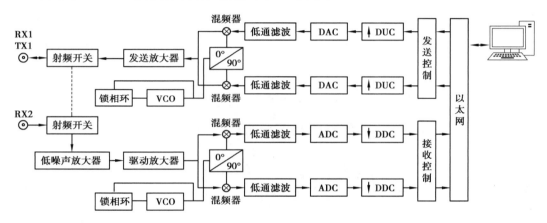

图 9.9　NI USRP 硬件结构图

在发送端,计算机处理过的 I/Q 两路数字基带信号通过以太网口传送给 USRP,然后经过数字上变频器(DUC)、高速数模转换器(DAC)和低通滤波器后再与载波信号混频,也就是 I/Q 调制,产生的射频信号通过功率放大,由天线发射出去。

接收端是发送端的逆过程:天线接收的射频信号经过低噪声放大器后与载波信号混频,经过 20 MHz 的低通滤波器得到两路正交的基带信号。随后通过模数转换器(ADC)和数字下变频器(DDC)转化成数字基带信号,再通过以太网口传输到计算机进行后续处理。

USRP 关键器件指标如下:

①2 通道,速率为 100 MS/s 的 14 位 AD 转换器。根据低通采样定理,AD 转换器可以对最高频率为 50 MHz 的低通信号进行直接采样。根据带通采样定理,可以直接数字化更高频的中频信号。

②4 通道,速率为 400 MS/s 的 16 位 DA 转换器。

③低通滤波器的截止频率为 20 MHz。

④数字下变频器(DDC)和数字上变频器(DUC)用于信号采样速率的转换。当信号从基带转换至中频时,需要数字上变频器(DUC);反之,需要数字下变频器(DDC)。

9.3.4 构建软件无线电平台

构建软件无线电平台需要准备以下软、硬件:

①一台计算机。

②一套 USRP 设备和 USRP 驱动程序。一套 USRP 设备包含一台 USRP、两根天线、一根网线和一根电源线。

③LabVIEW 软件和 LabVIEW 调制工具包。

首先在计算机上安装 LabVIEW 软件和 LabVIEW 调制工具包,然后将计算机和 USRP 通过网线连接起来,配置好 USRP(见后续9.4节内容),这样就初步搭建好了可供实验使用的软件无线电平台,如图9.10所示,在此平台上开始后续实验。

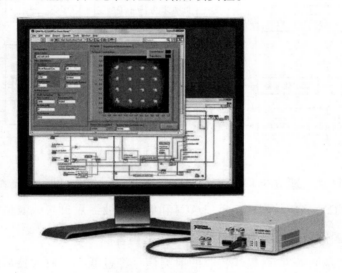

图9.10 实验使用的软件无线电平台

9.4 USRP 驱动配置

9.4.1 USRP 驱动安装

完成 USRP 硬件连接后,须将所连计算机设置为与 USRP 同网段,实现物理上可通信。NI

推荐计算机固定 IP 地址为 192.168.10.1,这是因为 USRP 默认 IP 地址为 192.168.10.2。如果计算机的 IP 地址和网线连接都正确,启动 NI-USRP Configuration Utility 工具软件后,将显示找到已连接的设备,如图 9.11 所示。

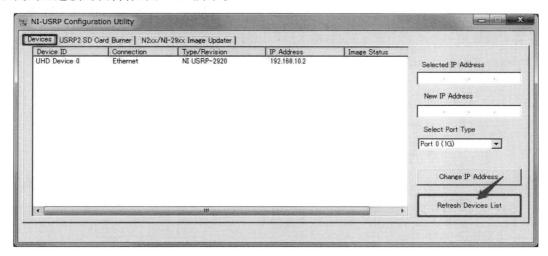

图 9.11　NI-USRP 配置工具界面

同时,在 LabVIEW 中还应编写 USRP 的发送、接收程序,说明如何将数据写入 USRP 并发送,如何获得接收到的数据并传给 LabVIEW 处理。在 LabVIEW 前面板正确设置所有 USRP 的参数后,即可开始实验。

9.4.2　USRP 发送端配置

LabVIEW 有 4 个常用于发送端配置的函数,在函数选板中选择"仪器 I/O"→"Instrument Drivers"→"NI-USRP"→"TX"命令可找到这些函数。配置输入 I/Q 采样率、载波频率、增益及使用的天线,产生所需的信号。

(1)![NI-USRP图标] niUSRP Open Tx Session VI

niUSRP 打开 Tx 会话 VI 的主要功能是配置发射 USRP 的 IP 地址,返回一个会话句柄,如图 9.12 所示。

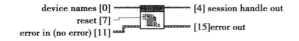

图 9.12　niUSRP Open Tx Session VI

（2）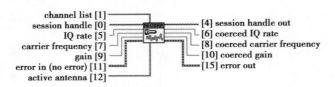 niUSRP Configure Signal VI

niUSRP 配置信号 VI 的主要功能是设置 I/Q 采样率、载波频率、射频增益和天线。该模块具有参数自动纠正功能。例如,当载波频率的设置超过硬件使用范围时,该模块将频率自动设置为硬件使用范围的上限。同时,输出端可以显示实际配置的 USRP 频率。该模块既可以用于配置发射机,也可以用于配置接收机,如图9.13 所示。

图9.13　niUSRP Configure Signal VI

（3）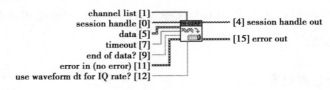 niUSRP Write Tx Data VI

niUSRP 写入发射数据(多态) VI 的主要功能是向 USRP 写入数据,如图9.14 所示。需要注意的是,该模块输入的数据是复基带信号。

图9.14　niUSRP Write Tx Data VI

（4） niUSRP Close Session VI

niUSRP 关闭会话 VI 的功能是关闭会话,释放 USRP 缓存,如图9.15 所示。需要注意的是,在循环读写结束时,要调用该模块。

图9.15　niUSRP Close Session VI

9.4.3　USRP 接收端配置

常用于 USRP 接收端配置的函数可在 LabVIEW 函数选板中通过选择"仪器 I/O"→"Instrument Drivers"→"NI-USRP"→"RX"命令可以找到这些函数。接收端配置与发送端配置基本对应一致。需要设置 USRP 一次接收的样点数,其值等于接收时间和采样率的乘积,其中接收时间不能小于发送端前面板上的数据包持续时间。

（1）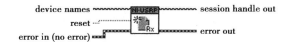 niUSRP Open Rx Session VI

niUSRP 打开 Rx 会话 VI 的功能是为射频信号的接收创建一个会话句柄（Session Handle），配置接收 USRP 的 IP 地址，输出的是会话句柄，如图 9.16 所示。

图 9.16　niUSRP Open Rx Session VI

（2） niUSRP Configure Signal VI

niUSRP 配置信号 VI 的主要功能与 USRP 发送端配置相同。

（3） niUSRP Initiate VI

niUSRP 初始化 VI 的功能是启动接收会话并告诉 USRP 所有配置已经完成，USRP 可以开始捕获 I/Q 数据，如图 9.17 所示。

图 9.17　niUSRP Initiate VI

（4）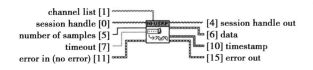 niUSRP Fetch Rx Data VI

niUSRP 接收 Rx 数据 VI 的功能是从 USRP 中读取接收的数据，如图 9.18 所示。注意该模块输出的是复基带信号。

图 9.18　niUSRP Fetch Rx Data VI

（5）niUSRP Abort VI

niUSRP 停止 VI 的功能是暂停一个获取进程，可以在不关闭会话的条件下修改配置参数，如图 9.19 所示。

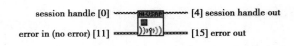

图 9.19　niUSRP Abort VI

（6） niUSRP Close Session VI

niUSRP 关闭会话 VI 的功能是关闭会话,释放 USRP 缓存。注意在循环读写结束时,要调用该模块,如图 9.20 所示。

图 9.20　niUSRP Close Session VI

9.4.4　USRP **参数配置**

在程序框图中,将 USRP 发送端、接收端都配置连接好后,LabVIEW 主程序前面板会出现 6 个待填的 USRP 参数:IP 地址、I/Q 采样率、载波频率、天线、增益和采样缓存,如图 9.21 所示。

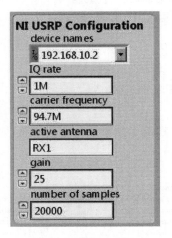

图 9.21　USRP 参数配置

（1）IP 地址

"device names"为 USRP 的 IP 地址。主机和 USRP 通信前,需要正确配置 IP 地址。每个 USRP 都有一个专属 IP 地址,设为 192.168.10.X,这里需要注意两点:第一,USRP 的 IP 地址必须和主机的 IP 地址在同一网段;第二,niUSRP Open Tx Session 模块和 niUSRP Open Rx Session 模块配置的 IP 地址必须与 USRP 本身的 IP 一致。

（2）I/Q 采样率

"IQ rate"为 I/Q 采样率,I/Q 采样率＝符号速率×上采样率(或下采样率),是每秒钟获得 I/Q 采样值的数目,单位为 Sample/s。设置合理的 I/Q 采样率可提高主机的运行效率。例如,在语音收发实验中,因为语音信号的频率范围为 0～20 kHz,所以 I/Q 采样率设置为 200 kHz 就足够恢复原始的语音信号。

（3）载波频率

"carrier frequency"为 USRP 的载波频率,即射频信号的发射和接收频率,单位为 Hz。每个 USRP 都有一定的频率范围,设置的载波频率必须在 USRP 的频率范围内。

（4）天线

"active antenna"是指需要使用的天线,USRP 有两根天线:TX1/RX1 和 RX2。需要注意的是,TX1、RX1 共用一个天线端口,因此 TX1 和 RX1 不能同时使用。

（5）增益

"gain"是指对发送或接收信号功率的放大增益,单位为 dB。此处输入值的范围为 0～30。值得注意的是,接收通道增大增益,同时也会放大噪声。

（6）采样缓存

当 I/Q 采样率一定时,采样缓存的大小等于采样率和采样时间的乘积。当采样时间一定时,采样率越大,采样缓存越多,消耗主机的内存也就越大,需要进行信号处理的数据就越多,程序运行时可能会出现卡机现象。

9.5　正弦信号的发射和接收

USRP 和计算机连接成功后,就可以利用 LabVIEW 工具包中相应的输入/输出接口模块控制 USRP 发送和接收无线信号,接下来,通过一个正弦信号接收实例熟悉这些输入/输出接口模块的使用方法。具体为连续发送基本的正弦载波信号,然后以不同的振荡频率接收该信号,通过收发中心频率的偏差得到解调的低频正弦波信号。

9.5.1　正弦信号的发射

创建一个空白 VI,在程序框图窗口中构建如图 9.22 所示的正弦信号发射端程序框图,用到的硬件 NI-USRP 驱动函数包括 niUSRP Open Tx Session VI,niUSRP Configure Signal VI, niUSRP Write Tx data VI，niUSRP Close Session VI。具体步骤如下：

①创建 Open TX Session 模块，通过该模块，就能够设置 USRP 的 IP 地址。右击 Open TX Session 模块的 device name 端口，在弹出的菜单中选择"创建"→"控制"，就可以创建一个 IP 地址输入控件。

②创建 Configure Signal 模块，右击 coerced IQ Rate 端口，创建一个 I/Q 采样率输入控件。右击 coerced carrier frequency 端口，创建一个载波频率输入控件；右击 coerced gain 端口，创建一个增益输入控件；右击 active antenna 端口，创建一个无线输入控件。以同样的方式，创建 Coerced carrier frequency 和 coerced gain 显示控件。将 Open Tx Session 模块的 Session handle out 端口连接到 Configure Signal 模块的 Session handle 端口。

③创建一个 While 循环，一个停止按钮。然后在循环体中创建 Write Tx Data 模块，通过该模块，就可以将复基带信号传到 USRP 中。将 Configure Signal 模块的 Session handle out 端口连接到 Write Tx Data 模块的 Session handle 端口。将停止按钮连接到 Write Tx Data 模块的 end of Data 端口。

④创建 Close Session 模块，将 Write Tx Data 模块的 Session handle out 端口连接到 Write Tx Data 模块的 Close Session 端口。将错误输入输出端口连起来，构建一个错误输出管道。

⑤创建基带信号。在"函数"选板上选择"编程"→"数组"→"初始化数组"。右击初始化数组模块的元素输入端口，选择"创建"→"常数"，将常数值设为 1。右击初始化数组模块的维数端口，选择"创建"→"控制"创建一个维数输入控件。将初始化数组模块的输出连接到 Write Tx Data 模块的 Data 输入端口，就完成了发射机部分的编程。

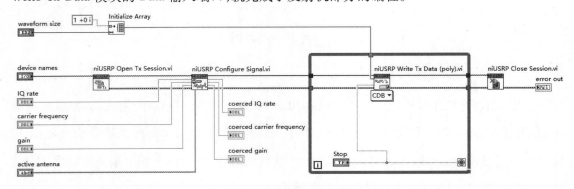

图 9.22　正弦信号发射端程序框图

⑥回到前面板，先将前面板中的控件重新排列，再进行参数设置，参数值见表 9.2。需要注意的是，运行发射机程序时，USRP 将返回参数的实际值；当设置的参数超出了 USRP 给定的范围时，USRP 函数模块会自动纠正到一个合理值，并且返回该值。配置后的前面板如图 9.23 所示。

126

表 9.2　正弦信号发生器参数配置

参　数	值
Device names	192.168.10.2
Carrier frequency/GHz	2.400 01
IQ rate/($kS \cdot s^{-1}$)	200
Gain/dB	0
Waveform size	10 000
Active antenna	TX1

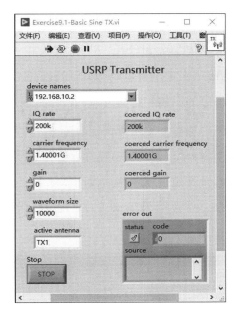

图 9.23　正弦信号发射端前面板

9.5.2　正弦信号的接收

USRP 可以创建接收模块接收发射的正弦信号。为了验证发射是否成功,接下来采用 LabVIEW 工具库中的函数模块构建接收程序框图,并进一步在波形图中观测接收 I/Q 信号的时域波形和频谱。

创建一个空白 VI,在程序框图窗口中构建如图 9.24 所示的正弦信号接收端程序框图,用到的硬件 NI-USRP 驱动函数包括 niUSRP Open Tx Session VI、niUSRP Configure Signal VI、niUSRP Fetch Rx data(poly) VI、niUSRP Close Session VI、niUSRP Abort VI 和 niUSRP Close Session VI。具体步骤如下:

①创建 Open Rx Session 模块,与发射机模块类似,创建一个 Device name 输入控件。

②创建 Configure Signal 模块,依次创建 IQ Rate,Carrier Frequency,gain 和 active antenna 4 个输入控件。依次创建 IQ Rate,Carrier Frequency,gain 3 个显示控件。接着创建一个 Initiate 模块,将 3 个模块的 session handle 端口连接起来。

③创建一个 While 循环,再创建一个停止按钮,然后在循环体中创建 Fetch Rx Data(poly) 模块,该模块可以获取 USRP 接收的数据。将两个模块的 session handle 端口连接起来,在 While 循环体中创建 Complex to Re/Im 模块,这个模块可以输出接收波形的实部和虚部。

④在前面板中创建两个波形图显示控件,在程序框图中将对应的波形图显示控件的图标放置在 While 循环体中,并将提取的实部和虚部合并后输入波形图显示控件中。创建一个频

谱测量工具,将其测量的频谱输出到另一个波形图显示的控件。

⑤创建一个 niUSRP Abort 模块和一个 niUSRP Close Session 模块。将错误端口一次连接,构成错误输出管道。同时运行所创建的正弦信号发射程序和接收程序,在波形图中观察接收信号的同相和正交分量的波形以及它们的频谱。

由于发送端载波频率设置为 1.400 01 GHz,而接收端的载波频率设置为 1.4 GHz。根据 USRP 的组成原理,其实发送端经过了一个单边带调制(SSB),在接收端经过解调时,如果接收端的振荡频率域调制信号的载波频率不一致就会造成解调信号的频谱偏移,这个偏差就是 10 kHz。实验结果如图 9.25 所示,在接收机前面板上可以看到一对正弦信号,频率为 10 kHz。

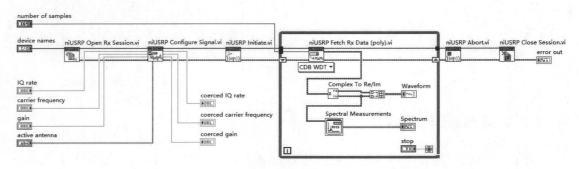

图 9.24 正弦信号接收端程序框图

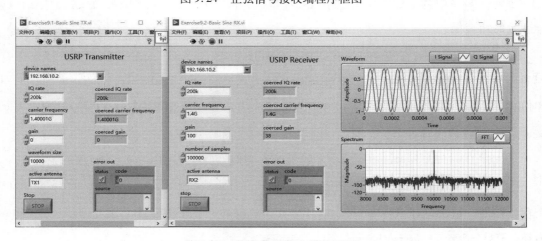

图 9.25 正弦信号接收端前面板

第 **10** 章
MPSK 传输系统的设计实现

传统的数字调制内容,如幅度调制(ASK)、频率调制(FSK)和相位调制(PSK),不适合直接用于软件无线电系统实验,软件无线电系统实验是围绕数字 I/Q 调制进行的。本章首先介绍 MPSK 基带调制,然后介绍基于 MPSK 基带调制的 MPSK 传输系统,并在 LabVIEW 平台设计 MPSK 传输系统,实现无线文本、图片和语音传输。

MPSK传输系统
的设计实现

10.1   MPSK 基带调制

二进制相移键控方法是通过改变载波信号的相位值来表示数字信号 1 和 0 的。当然,在实际信号传输过程中,经常会把二进制序列按照 M 个比特分一组,这就是多进制相移键控(MPSK)。

如果 1 个比特作为一组,这样的调制方式就是 2PSK 调制。如果 2 个比特作为一组,那么每一组二进制信号就会有 00、01、10、11 4 种组合方式,这样的调制方式就是 QPSK 调制。如果 3 个比特作为一组,这样的调制方式就是 8PSK 调制。

基于复基带等效定理的 MPSK 调制将输入的信源比特序列映射到 I/Q 坐标系,输出复数形式的符号($I+jQ$)。为了与传统数字调制方式区分开,把这种不含载波信息的调制称为基带调制。

10.1.1　2PSK 基带调制

2PSK 调制将信息序列中的每一个比特作为一组。当输入比特为"0"时,输入 I/Q 调制器的 Q 路信号为1,则输出信号 $s(t)$ 为

$$s(t) = 0 \cdot \cos \omega_c t - 1 \cdot \sin \omega_c t = \cos\left(\omega_c t + \frac{\pi}{2}\right) \tag{10.1}$$

当输入比特为"1"时,输入 I/Q 调制器的 Q 路信号为−1,则输出信号 $s(t)$ 为

$$s(t) = 0 \cdot \cos \omega_c t + 1 \cdot \sin \omega_c t = \cos\left(\omega_c t + \frac{3\pi}{2}\right) \tag{10.2}$$

接下来,再建立 2PSK 调制中,二进制比特、符号和相位的对应关系,见表10.1。即比特 0 映射成 I/Q 坐标系中的符号$(0+1j)$,比特 1 映射成符号$(0-1j)$。

表 10.1　二进制比特、符号和相位的对应关系

二进制比特	符号	相位
0	$0+1j$	$\dfrac{\pi}{2}$
1	$0-1j$	$\dfrac{3\pi}{2}$

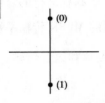

　　所有符号点的组合构成2PSK 调制星座图,如图10.1 所示。因此,2PSK 基带调制的过程就是将输入的二进制比特按照 2PSK 星座图映射成对应的符号。

图 10.1　2PSK 调制星座图

10.1.2　QPSK 基带调制

QPSK 调制将信号序列中每两个比特分成一个双比特组 ab,ab 有 4 种组合,即 00,01,10,11。则输入 I/Q 调制器的 I 路和 Q 路信号分别为:$(+1,+1)$、$(+1,-1)$、$(-1,+1)$、$(-1,-1)$。那么 I/Q 调制器输出信号 $s(t)$ 见表10.2。接下来,就可以建立表10.3 的对应关系。如果输入的信源比特数据为 00101101,则输出的复数符号应为 $0.707+0.707j$,$-0.707+0.707j$,$-0.707-0.707j$,$0.707-0.707j$。为了使输出信号 $s(t)$ 的幅度 $A=1$,调整输入 I 路和 Q 路信号的幅度为 $1/\sqrt{2}$ 即可。

表 10.2　I/Q 信号与输出信号 $s(t)$ 的关系表

I 路信号	Q 路信号	$s(t)$
+1	+1	$\cos \omega_c t - \sin \omega_c t = \sqrt{2}\cos\left(\omega_c t + \dfrac{\pi}{4}\right)$
−1	+1	$-\cos \omega_c t - \sin \omega_c t = \sqrt{2}\cos\left(\omega_c t + \dfrac{3\pi}{4}\right)$
−1	−1	$-\cos \omega_c t + \sin \omega_c t = \sqrt{2}\cos\left(\omega_c t + \dfrac{5\pi}{4}\right)$
+1	−1	$\cos \omega_c t + \sin \omega_c t = \sqrt{2}\cos\left(\omega_c t + \dfrac{7\pi}{4}\right)$

表 10.3　二进制比特、符号和相位的对应关系

二进制比特	符号	相位
00	$0.707+0.707j$	$\dfrac{\pi}{4}$
10	$-0.707+0.707j$	$\dfrac{3\pi}{4}$
11	$-0.707-0.707j$	$\dfrac{5\pi}{4}$
01	$0.707-0.707j$	$\dfrac{7\pi}{4}$

图 10.2 是 QPSK 调制的星座图。因此,QPSK 基带调制的过程就是将输入的二进制比特按照 QPSK 星座图映射成对应的符号。

接收信号的判决通过最大似然准则完成,也就是比较接收数据点距 00,10,11,01 这 4 个点的欧几里得距离,如图 10.3 所示,如果 $d_1<d_2<d_3<d_4$,则判决为 00。

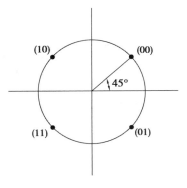

图 10.2　QPSK 调制星座图

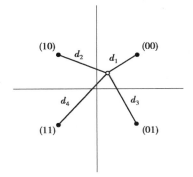

图 10.3　QPSK 接收信号判决

10.2　MPSK 传输系统

基于 MPSK 基带调制的软件无线电发射机体系结构如图 10.4 所示,主要功能是把需发射或传输的编码后用户信息(语音、数据、图像等)经基带调制得到复基带信号 $s_L(t)$,然后经过上变频调制到规定的载频 f_c 上,得到载波调制信号 $s(t)$。再将 $s(t)$ 通过功率放大后送至天线,把电信号转换为空间传播的无线电信号,发向空中。接收机是发射机的逆过程,软件无线电接收机如图 10.5 所示,接收软件无线电发射机发射的无线电信号并进行解调。

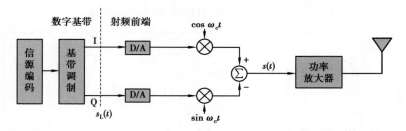

图 10.4　基于 MPSK 基带调制的软件无线电发射机体系结构

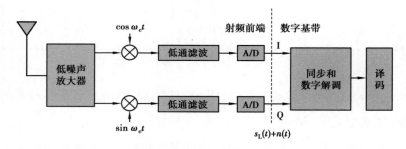

图 10.5　基于 MPSK 基带调制的软件无线电接收机体系结构

由图 10.4 和图 10.5 可知,传输 $s(t)$ 的过程实质上就是传输 $s_L(t)$ 的过程,不妨将图 10.4 和图 10.5 简化为如图 10.6 所示的等效基带传输系统。

通过等效,可以在基带传输中研究带通传输的问题。这一等效方法不只在通信系统的理论分析中很有价值,在传输过程的仿真研究中也很有效。因为在计算和仿真中,要处理的数据量与信号的频率无关,仿真基带传输系统比仿真带通传输系统需要的数据量通常少很多,因而获得结果的速度也要快得多。

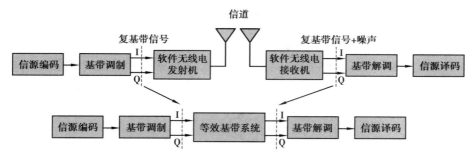

图 10.6　等效基带传输系统

10.3　常用虚拟仪器

本节主要介绍使用 LabVIEW 搭建通信系统的过程中常用的虚拟仪器及其使用方法,包括如何产生信号、如何观测信号的星座图以及如何统计系统的误比特率等,掌握这些内容可以帮助学生更轻松地完成后续实验。

10.3.1　PN 序列生成器

伪噪声序列(pseudo-noise sequence)简称 PN 序列,这类序列具有类似随机噪声的一些统计特性,但和真正的随机信号不同,它可以重复产生和处理,故称为伪随机噪声序列。PN 序列最常见的用途是在扩频通信系统中用来扩展信号频谱,此外,PN 序列也可以用来作为信源信息。

在函数选板上选择"RF Communications"→"Modulation"→"MT Generate Bits",可找到生成 PN 序列的函数"MT Generate Bits VI",如图 10.7 所示。

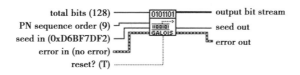

图 10.7　MT Generate Bits (Galois, PN Order) VI

其中:

● "total bits":生成的 PN 序列的总长度。

● "PN sequenc order":设定 PN 序列的循环周期(如果 PN sequence order 设为 N,则周期为 2^N-1)。

● "seed in": 用来制订 PN 序列生成器移位寄存器的初始状态（默认为 0xD6BF7DF2）。

● "output bit stream": PN 序列的输出。

此外，"MT Generate Bits VI" 函数还有 User Defined 模式。在此模式下，函数可以根据用户自定义的输入序列生成所需长度的循环序列，如图 10.8 所示。

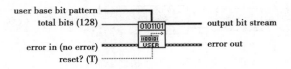

图 10.8　MT Generate Bits（User Defined）VI

其中：

● "User base bit pattern": 为用户指定的序列，控件会不断循环用户指定的序列，直到输出序列的长度达到 "total bits" 所设定的值为止。

● "output bit stream": 生成序列的输出。

10.3.2　星座图观测仪

在数字通信中，数字信号本身都具有复数的表达形式，因此人们常将数字信号表示在复平面上，这样可以更直观地观察信号的特性，这种图形就是星座图。观察和分析星座图是学习和研究数字通信各种调制方式的非常重要的环节。

在函数选板上选择 "RF Communications" → "Modulation" → "Digital" → "Visualization" → "Constellation"，可找到生成信号星座图的函数 "MT Format Constellation VI"，如图 10.9 所示。

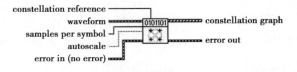

图 10.9　MT Format Constellation VI

其中：

● "waveform": 输入要绘制星座图的信号波形。

● "samples per symbol": 设定输入波形每个符号的样点数。

● "constellation graph": 生成与输入信号相对应的星座图。

10.3.3　误比特率观测仪

计算系统的误比特率时可以使用 "MT Calculate BER VI" 函数，这是已经封装好的一个子程序。在函数选板上选择 "RF Communications" → "Modulation" → "Digital" → "Utilities" →

"Bits to Samples",可找到计算系统的误比特率函数"MT Calculate BER VI",如图 10.10 所示。

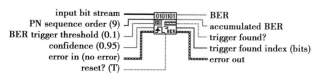

图 10.10　MT Calculate BER After Trigger（PN Sequence）

其中：

- "input bit stream":输入比特流。

- "PN sequence order":确定传输的 PN 码序列阶数。

- "BER":输出误码率。

此外,"MT Calculate BER VI"函数还有 User Defined 模式。在此模式下,函数可以根据用户自定义的输入序列计算误码率。

10.4　MPSK 传输系统实验

10.4.1　实验目的

学习用 LabVIEW 软件建立 MPSK 传输系统,进一步理解 MPSK 基带调制原理。

10.4.2　实验内容

MPSK 传输系统仿真原理图如图 10.11 所示。将信源编码后获得的二进制比特流通过 MPSK 基带调制映射成符号。然后通过脉冲成形滤波器将符号变成复基带信号,送入等效基带信道。接收过程刚好相反,首先获得含噪声的复基带信号,然后通过 MPSK 基带解调、匹配滤波器、同步,抽样判决等还原为二进制比特流。

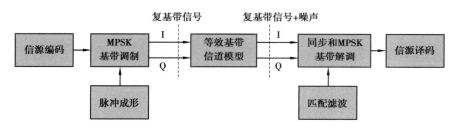

图 10.11　MPSK 传输系统仿真原理图

如前所述,采用 2PSK 基带调制,二进制比特 0 和 1 映射的符号分别是 $0+1j$ 和 $0-1j$。采用 QPSK 基带调制,如果选择的 4 个相位偏移分别为 $\pi/4$、$3\pi/4$、$5\pi/4$ 和 $7\pi/4$,则 00、10、11、01 映射的复数符号分别为 $0.707+0.707j$、$-0.707+0.707j$、$-0.707-0.707j$ 和 $0.707-0.707j$。

设计 MPSK 传输系统采用 LabVIEW 自带的调制模块、解调模块、脉冲成形滤波器模块和匹配滤波器模块。为了获得最佳接收,选择脉冲成形滤波器 $G_{\mathrm{T}}(\omega)$ 和匹配滤波器 $G_{\mathrm{R}}(\omega)$ 为平方根升余弦滚降滤波器,即在 $H(\omega)$ 满足无码间串扰频域条件下,$G_{\mathrm{T}}(\omega)=G_{\mathrm{R}}(\omega)=H^{1/2}(\omega)$。

10.4.3　实验要求

根据图 10.11 所示建立 MPSK 传输系统,程序框图如图 10.12 所示。

图 10.12 中,信源直接选择为二进制 PN 码序列。在实际通信系统中,接收端需要从接收序列中寻找到数据帧的起始位置,帧同步技术可以解决这一问题。因此,在二进制 PN 码序列前添加保护比特和同步比特,在二进制 PN 码序列后添加填充比特,形成发送序列帧结构,如图 10.13 所示。

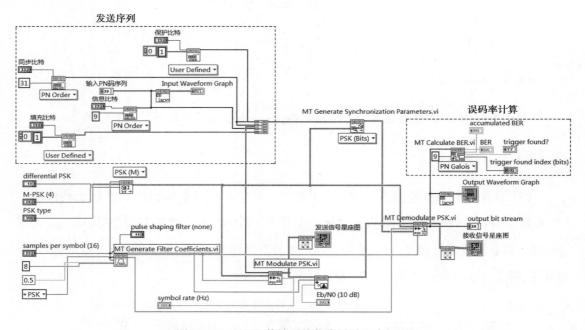

图 10.12　MPSK 传输系统仿真设计程序框图

保护比特	同步比特	二进制 PN 码序列	填充比特

图 10.13　发送序列帧结构

发送端的脉冲成形滤波器选择"平方根升余弦滚降滤波器",调用"RF Communications"函数库中的"MT Modulation PSK"模块对发送序列进行基带调制,输出复基带信号 $s_{\mathrm{L}}(t)$。在

输出复基带信号 $s_L(t)$ 上叠加高斯白噪声模拟等效基带信道模型。接收端的匹配滤波器也选择"平方根升余弦滚降滤波器",将含噪声的复基带信号送入"RF Communications"函数库里的"MT Demodulate PSK"模块中进行基带解调,还原为原发送序列,并与输入序列对比计算误码率。

表 10.4　发送信息包格式及各项说明

名称	长度/b	含义
保护比特	可变长度	保护接收端的锁相环及滤波器初始化
同步比特	20	用于帧和符号同步
二进制 PN 码序列	可变长度	数据域
填充比特	可变长度	保证滤波器的边沿效应

关键实验模块如下:

①MT Generate Bits VI:如 10.3.1 节所示,调用"MT Generate Bits VI",产生 PN 码序列、保护比特、同步比特和填充比特。设置保护比特为 30 bits,同步比特为 20 bits,信息比特为 2 048 bits,填充比特为 20 bits。通过"创建数组 VI"形成如图 10.13 所示的发送序列帧结构。

②MT Generate System Parameters VI:设置调制类型及调制参数,如图 10.14 所示。

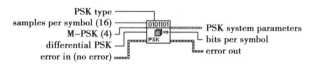

图 10.14　MT Generate System Parameters VI

③MT Generate Filter Coefficients VI:计算脉冲成形滤波器和匹配滤波器的滤波器系数。设置"pulse shaping filter"为平方根升余弦滚降滤波器,"modulation type"为 PSK,"filter parameter"为 0.5,"filter length"为 8,如图 10.15 所示。

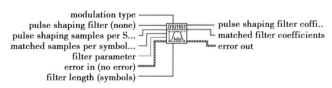

图 10.15　MT Generate Filter Coefficients VI

④MT Modulate PSK VI:对输入的比特序列进行 MPSK 调制,如图 10.16 所示。

⑤MT ADD AWGN VI:模拟高斯白噪声信道,如图 10.17 所示。

⑥MT Demodulate PSK VI:对输入的比特序列进行 MPSK 解调,如图 10.18 所示。

⑦MT Generate Synchronization Parameters VI:实现接收端同步,如图 10.19 所示。

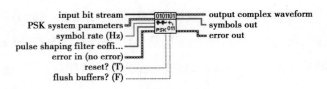

图 10.16　MT Modulate PSK VI

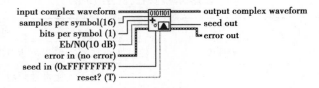

图 10.17　MT ADD AWGN VI

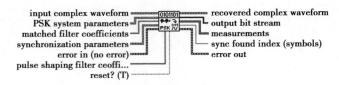

图 10.18　MT Demodulate PSK VI

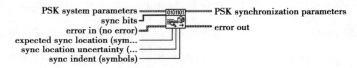

图 10.19　MT Generate Synchronization Parameters VI

⑧MT Format Eye Diagram VI：绘制眼图，如图 10.20 所示。

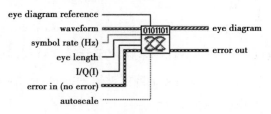

图 10.20　MT Format Eye Diagram VI

其中：

- "waveform"：输入要绘制眼图的信号波形。

- "symbol rate"：符号速率，默认值为 1.0。

- "eye length"：眼图水平扫描周期。

- "I/Q"：生成 I 路数据或 Q 路数据的眼图，默认值是生成 I 路数据眼图。

- "eye diagram"：生成与输入信号相对应的眼图。

⑨MT Format Constellation VI：如节 10.3.2 所示，调用"MT Format Constellation VI"，绘制

星座图。

⑩MT Calculate BER VI:如 10.3.3 节所示,调用"MT Calculate BER VI"计算误码率。

具体实验任务如下:

①观察 PN 码序列和发送序列。

②观察输入序列和输出序列,分析信噪比对接收序列的影响,实验结果如图 10.21 所示。

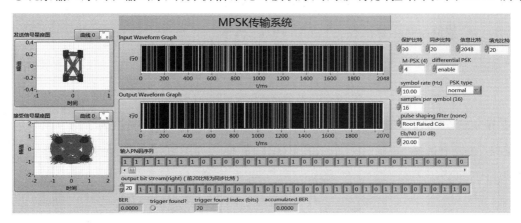

图 10.21　MPSK 传输系统实验结果

③观察调制后的复数符号输出和经脉冲成形滤波器后的复基带信号输出。

④改变"symbol rate",观察符号速率对传输性能的影响。

⑤改变进制数(M=2,4,8,16),观察 MPSK 信号的眼图和星座图。

⑥分析保护比特与进制数的关系,确定不同进制数下保护比特的最优取值。

⑦分析填充比特与进制数的关系,确定不同进制数下填充比特的最优取值。

⑧观察不同信噪比下的眼图和星座图。

⑨观察不同信噪比下的误码率。

⑩根据不同信噪比下的误码率值,绘制信噪比–误比特率曲线图(选做)。

10.5　MPSK 文本传输实验

图 10.11 中的信源选择为文本,则为 MPSK 文本传输系统仿真原理图。文本传输程序和 PN 码序列传输程序类似,其区别主要在于发送端通过信源编码模块将文本转换为比特流,接收端通过信源译码模块把恢复的比特流转换为文本。

发送端关键实验模块如下:

①字符串至字节数组转换(函数):使字符串转换为不带符号字节的数组,在"编程"选板上选择"字符串"→"路径/数组/字符串转换"→"字符串至字节数组转换",如图10.22所示。

图10.22　字符串至字节数组转换(函数)

②数值至布尔数组转换(函数):使整数或定点数转换为布尔数组。在"编程"选板上选择"布尔"→"数值至布尔数组转换",如图10.23所示。

图10.23　数值至布尔数组转换(函数)

③布尔值至(0,1)转换(函数):使布尔值FALSE或TRUE分别转换为十六位整数0或1。在"编程"选板上选择"布尔"→"布尔值至(0,1)转换",如图10.24所示。

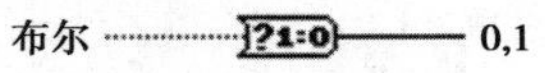

图10.24　数值至布尔数组转换(函数)

④转换为单字节整型(函数):使数字转换为-128到127之间的8位整数。在"编程"选板上选择"数值"→"转换"→"转换为单字节整型",如图10.25所示。

图10.25　转换为单字节整型(函数)

接收端关键实验模块如下:

①布尔数组至数值转换(函数):使用布尔数组作为数字的二进制表示,使布尔数组转换为整数或定点数。在"编程"选板上选择"布尔"→"布尔数组至数值转换",如图10.26所示。

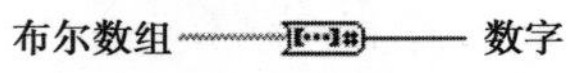

图10.26　布尔数组至数值转换(函数)

②转换为无符号单字节整型(函数):使数值转换为0到255之间的8位无符号整数。在"编程"选板上选择"数值"→"转换"→"转换为无符号单字节整型",如图10.27所示。

图10.27　转换为无符号单字节整型(函数)

③字节数组至字符串转换(函数):使表示ASCII字符的无符号的字节数组转换为字符串。在"编程"选板上选择"字符串"→"路径/数组/字符串转换"→"字节数组至字符串转换",如图10.28所示。

无符号字节数组 ━━━━ [U8] ━━━━ 字符串

图 10.28　字节数组至字符串转换（函数）

实验要求：

①观察发送文本和接收文本。

②分析信噪比对文本传输系统的影响。

③观察符号传输速率对文本传输系统性能的影响。

10.6　MPSK 图像传输实验

图 10.11 中的信源选择为图像，则为 MPSK 图像传输系统仿真原理图。图像传输的程序和 PN 码序列传输的程序类似，其区别主要在于图像传输在产生比特流之前，需要先读取传输的图片，并且通过信源编码模块将图片转换成比特流。此外，得到恢复的比特流之后，要通过信源译码模块把接收到的比特流转化成图像。

相对于文本的数据量，高分辨率图像的数据量要大得多，需要进行分帧传输。即在发送端将原始图像数据进行合理分段，按顺序一帧发送其中的一段数据；在接收端对接收到的数据按顺序进行重装，恢复为原图像。每段的数据长度既不能太大，也不宜太小。这是因为实际传输的帧中既含有数据信息，也含有控制信息，如果一个帧过长，该帧在传输过程中出错的概率会较大，接收端就难以接收到正确的信息；如果一个帧过短，其帧中的控制信息比例会较大，信道利用率就会降低。

在函数选板上选择"编程"→"图形与声音"→"图形格式"→"图片函数"，可以找到 MPSK 图像传输实验系统发送端的关键实验模块，具体如下：

①读取 JPEG 文件 VI：读取 JPEG 文件，然后创建在图片控件中显示该文件所需的数据，包括图片的类型、尺 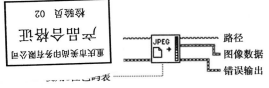 所示。把这些不同类型的数据存入一个簇内，方便进行下一步处理。

图 10.29　读取 JPEG 文件 VI

其中：

• "JPEG 文件路径"：指定待读取的 JPEG 文件的路径及名称。如未指定路径，LabVIEW 可显示文件对话框供用户选择文件。

● "图像数据":返回图像信息,通过绘制平化像素图 VI 可绘制成图片。

②还原像素图 VI:读取图片存储的数据,转换成一个与像素图等尺寸的二维数组,如图 10.30 所示。其中像素用不同位数的二进制数表示,这里采用的是 24 位二进制数表示。

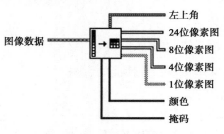

图 10.30　还原像素图 VI

其中:

● "图像数据":描述了欲画或操作的图像。

● "24 位像素图":该二维数组包含要绘制为像素图的数据。像素图的维数应与数组的维数一致。

③自定义子 VI 1:将"还原像素图 VI"得到的二维数组转换成包含相同信息的比特流。

④自定义子 VI 2:将接收得到的比特流重新还原成二维数组。

⑤绘制还原像素图 VI:将"自定义子 VI 2"得到的二维数组绘制成图像,如图 10.31 所示。

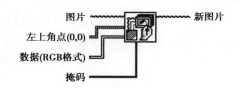

图 10.31　绘制还原像素图 VI

其中:

● "图片":要添加位图的图片。默认值为空图片。

● "数据":元素为 32 位无符号整数的二维数组,按光栅顺序描述图像中各像素的颜色。每个像素由 3 个字节定义颜色。每个像素的第一个字节代表红色值,第二个字节代表绿色值,第三个字节代表蓝色值。

● "新图片":包含新图像的图片。连线该输出至其他图片输入,可向图片添加更多绘图指令。

图像编码的过程如下:首先通过路径常量导入需要传输的图片,接着读取图片,并将相关数据存储在簇里,然后将簇中包含的所有信息转换成一个与像素图等尺寸的二维数组。数组中的每一个数字代表一个像素,每个像素用一个 24 位二进制数表示,通过"自定义子 VI 1"将二维数组转化成比特流。然后对比特流分帧,形成如图 10.13 所示的发送序列帧结构,送入传输信道。在接收端得到恢复的比特流后,需要通过"自定义子 VI 2"将比特流重新还原成像素图,并绘制图像,以便观察。

实验要求:

①观察发送图片和恢复图片。

②分析信噪比对图像传输系统的影响。

③观察分帧长度对图像传输系统的影响。

10.7　MPSK 语音传输实验

在语音通信过程中,如果记录发送者所有语音数据后再进行发送,那么在接收端接收到的语音信号相对于发送端就会产生较大的延时,无法达到实时语音通信的效果。解决方法是对语音信号进行分帧处理,这样会大大降低发送端的延时。帧长建议为 1 024 字节,8 bit 编码,因此一个帧内的有效信息位长为 8 192 bit。

接收端首先在收到一个数据帧后需要进行有效信息位的恢复和拼装,然后送至语音译码模块生成语音波形,最后将收到的语音波形进行播放。程序代码的设计建议采用并行结构,如采用队列(详见"函数"→"数据通信"→"队列操作"),即将采集到的原始声音波形数据送入发送队列中;编码的数据则从该发送队列中取出。这样原始数据采集与数据编码在某种程度上实现了并行操作。在接收端,首先进行帧捕获,然后解调还原出有效信息位,这其实也可采用类似的并行操作方式,即将语音译码后生成的声音波形数据送入接收队列;同时将接收队列中的声音波形数据取出并播放,从而实现语音通信的实时性,能够得到平滑流畅的传输效果。

(1)发送端

在函数选板上选择"编程"→"图形与声音"→"声音"→"文件",可以找到 MPSK 语音传输实验系统发送端的关键实验模块,具体如下:

①声音文件信息 VI:获取关于.wav 文件的数据。该 VI 接收路径或引用句柄,如图 10.32 所示。

其中:

●"路径":指定波形文件的绝对路径。如路径为空或无效,VI 将返回错误。默认值为

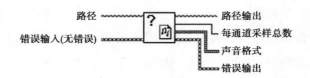

图 10.32　声音文件信息 VI

<非法路径>。

●"路径输出":可识别从路径输入的波形文件。

●"声音格式":返回波形文件的采样率、通道数量和每个采样的位数。

a.采样率(S/s):波形文件的采样率。通常为 44 100 S/s、22 050 S/s、11 025 S/s。

b.通道数:指定波形文件的通道数量。该输入可接收的通道数与声卡支持的通道数一致。对于大多数声卡,1 为单声道,2 为立体声。

c.每采样比特数:是每个采样的质量,以比特为单位。分辨率通常是 16 比特和 8 比特。

②打开声音文件读取 VI:打开用于读取的.wav 文件,或创建待写入的新.wav 文件,如图 10.33 所示。

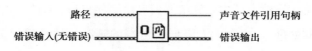

图 10.33　打开声音文件读取 VI

其中:

●"路径":指定波形文件的绝对路径。如路径为空或无效,VI 将返回错误。默认值为<非法路径>。

●"声音文件引用句柄":返回一个对声音文件的引用。可将声音文件引用句柄传递至其他声音文件 VI。

③读取声音文件 VI:使.wav 文件的数据以波形数组形式读出,如图 10.34 所示。

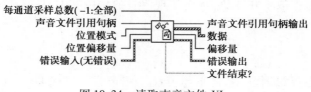

图 10.34　读取声音文件 VI

其中:

●"声音文件引用句柄":对声音文件的引用。通过打开声音文件 VI 可生成声音文件引用句柄。

●"数据":从文件中读取声音数据。对于多声道声音数据,数据是波形数组,其中的每个

元素即一个声道,包括以下 3 个分量:

a. t0 是第一个读取的采样开始时间。后续读取值的偏移为:BM+(采样 * dt),BM 是基准,采样是已经采集到的采样,dt 是采样间隔。

b. dt 是波形文件数据的采样间隔。

c. Y 是一个声音数据。如数组数据类型为浮点型,则 Y 的取值范围是−1.0 至 1.0。

(2)接收端

在函数选板上选择"编程"→"图形与声音"→"声音"→"输出",可以找到接收端关键实验模块,具体如下:

①配置声音输出 VI:配置生成数据的声音输出设备。使用写入声音输出 VI 使数据写入设备,如图 10.35 所示。

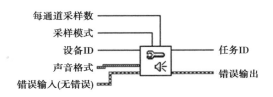

图 10.35　声音文件信息 VI

其中:

●"声音格式":设置声音操作的播放速度、通道数和采样比特数。控件的值取决于声卡。与"声音文件信息 VI"中的"声音格式"相同。

注:采样率(S/s)和每采样比特数的值越大,VI 运行时对计算机内存的占用就越大。操作系统和声卡并不支持所有的声音格式选项。

●"任务 ID":返回指定设备的相关配置的识别号。可将任务 ID 传递至其他"声音输入操作"VI。

②写入声音输出 VI:使数据写入声音输出设备。如需连续写入,必须使用配置声音输出 VI 配置设备,如图 10.36 所示。

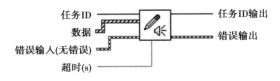

图 10.36　写入声音输出 VI

其中:

●"任务 ID":要操纵或输入的已配置设备的声音操作。通过配置声音输出 VI 可生成任务 ID。

●"数据":将声音数据写入内部缓冲区。对于多声道声音数据,数据是波形数组,其中的每个元素即一个声道,包括以下 3 个分量:

a. t0 被忽略。

b. dt 被忽略。采样率由配置声音输出 VI 中指定的采样率确定。

c. Y 是声音数据。如数组数据类型为浮点型,则 Y 的取值范围是−1.0 至 1.0。

●"任务 ID 输出":是最初传递到任务 ID 的声音操作。

实验要求:

①测试语音传输系统输入语音信号和输出语音信号。

②分析信噪比对语音传输系统的影响。

③分析采样率和每采样比特数对语音传输系统的影响。

④观察分帧长度对语音传输系统的影响。

10.8　基于 USRP 的 MPSK 传输系统设计

本节要求在 USRP 软件无线电平台上完成 MPSK 传输系统设计,实现无线文本、图片和语音传输并测试抗噪声性能。本设计将加深学生对无线通信相关概念的理解,并有助于学生掌握 USRP 软件无线电平台的使用方法。

基于 USRP 的 MPSK 传输系统仿真原理图如图 10.37 所示,参考"9.5 正弦信号的发射和接收"设计基于 USRP 的无线通信系统。具体设计内容如下:

①基于 USRP 软件无线电平台实现无线文本传输。

②基于 USRP 软件无线电平台实现无线图片传输。

③基于 USRP 软件无线电平台实现无线语音传输。

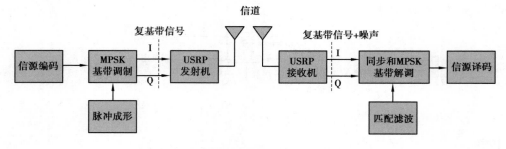

图 10.37　基于 USRP 的 MPSK 传输系统仿真原理图

参考文献

［1］ National Instruments Corporation. LabVIEW™ Signal Processing and Analysis Concepts［R］. March 2017 Edition.

［2］ National Instruments Corporation. NI Vision for LabVIEW™ User Manual［R］. March 2017 Edition.

［3］ 樊昌信,曹丽娜. 通信原理［M］.7 版. 北京:国防工业出版社,2013.

［4］ 韩庆文,叶蕾,蒲秀娟,等. 通信原理［M］.2 版. 北京:电子工业出版社,2014.

［5］ 李晓峰,周宁,周亮,等. 通信原理［M］.2 版. 北京:清华大学出版社,2021.

［6］ 陈树学,刘萱. LabVIEW 宝典［M］. 北京:电子工业出版社,2011.

［7］ 周鹏,凌有铸. 精通 LabVIEW 信号处理［M］.2 版. 北京:清华大学出版社,2019.

［8］ 吴光. 软件无线电入门教程:使用 LabVIEW 设计与实现［M］. 北京:清华大学出版社,2022.

［9］ 李丞,熊磊,姚冬萍. 基于软件无线电和 LabVIEW 的通信实验教程［M］. 北京:交通大学出版社,2017.

［10］ 杨宇红,袁焱,田砾. 通信原理实验教程:基于 NI 软件无线电教学平台［M］. 北京:清华大学出版社,2015.

［11］ 管致中,夏恭恪,孟桥. 信号与线性系统［M］.4 版. 北京:高等教育出版社,2004.

［12］ 楼才义,徐建良,杨小牛. 软件无线电原理与应用［M］.2 版. 北京:电子工业出版社,2014.

［13］蒲秀娟,韩亮,韩庆文,等.基于 LabVIEW 的最佳传输系统设计［J］.实验室研究与探索, 2023,42(2):147-151.

［14］ULRICH L R,JERRY W,HANS Z.通信接收机原理与设计［M］.楼才艺,王建涛,等译.4 版.北京:电子工业出版社,2019.

［15］曾光,任峻.2PSK 与 2DPSK 调制解调系统的仿真设计与分析［J］.电子设计工程,2016, 24(11):78-80.

［16］傅志中,李晓峰,曹永盛,等.通信原理实验教学改革与探索［J］.实验室研究与探索, 2020,39(5):156-159.

［17］刘明珠,刘雨晴,乔季军,等.基于 LabVIEW 的通信原理虚拟实验平台的设计［J］.实验 技术与管理,2015,32(4):123-126,160.

［18］纪艺娟,高凤强,郭一晶,等.基于 LabVIEW 和 USRP 的通信原理虚实结合实验平台设计 ［J］.实验技术与管理,2019,36(3):155-158.